EDITORIAL

Liebe Leserinnen und Leser,

nachdem im letzten Sonderheft der Schwerpunkt auf den Vögeln der Alpen lag, geht es diesmal ans Meer. Rund 70 % der Erde sind mit Wasser bedeckt. Die Ozeane sind von zentraler Bedeutung für den Wärmehaushalt unseres Planeten, sie haben großen Einfluss auf das Klima und bestimmen unser Wetter. Sie sind Lebensraum für Tiere und Pflanzen und spielen für den Menschen eine wichtige Rolle als Energie- und Nahrungsquelle, Wirtschaftsfaktor und Verkehrsraum.

Doch wie ist es um unsere Meere bestellt? Durch den Klimawandel und die intensiven menschlichen Nutzungen ist das ökologische Gleichgewicht in Gefahr. Als exzellente Bio-Indikatoren liefern uns Seevögel regelmäßig wertvolle Informationen über den Zustand der marinen Umwelt. Von den rund 10 000 Vogelarten auf der Welt gehören, je nach Definition, nur etwa 360 Arten zur Gruppe der Seevögel. 31 % aller Seevogelarten gelten als bedroht und mit 47 % zeigen fast die Hälfte der Arten einen rückläufigen Bestandstrend. Seevögel gehören somit zu einer der am stärksten bedrohten Vogelgruppen. Mit welchen, weitgehend menschengemachten Gefährdungen die Tiere zu kämpfen haben, aber auch welche Lichtblicke es gibt, wird in diesem Heft näher beleuchtet.

So nehmen wir Sie, liebe Leserinnen und Leser, mit auf eine Reise um die Welt. Von den Albatrossen und Sturmvögeln der Falklandinseln geht es nach Südafrika, wo sich die Stiftung SANCCOB bemüht, das Aussterben des Brillenpinguins zu verhindern. Aus dem hohen Norden gibt es Beiträge über Helgolands Brutvögel, das Monitoringprogramm „Seabirds-at-Sea" sowie über die cleveren Hamburger Möwen, die einfach auf's Dach gezogen sind, als ihnen Fuchs & Co zu nahe kamen. Auch das Thema Vogelgrippe darf nicht fehlen, das uns leider auch in Zukunft beschäftigen wird und bereits die Antarktis erreicht hat.

Nicht zuletzt soll auch die Faszination, die von Seevögeln ausgeht, nicht zu kurz kommen. Auch Hochseevögel müssen zur Fortpflanzung an Land kommen, wo sie sich zur Brutzeit teils in riesigen Kolonien einfinden. Wer Lust auf spektakuläre Einblicke in das Brutgeschehen hat, kann sich per Smartphone oder Computer dazuschalten: Webcams machen es möglich. Eine Auswahl an Links finden Sie am Ende des Heftes.

Herzlich willkommen in der Welt der Seevögel und viel Freude beim Lesen!

Ihre

Ulrike Kubetzki

Dr. Ulrike Kubetzki
FALKE-Fachredakteurin

INHALT

30 Möwen in der Stadt

42 Brillenpinguin

Titelbild

Magellanpinguin (Foto: Frank Derer)

DER FALKE Journal für Vogelbeobachter 70. Jahrgang, Sonderheft 2023 · ISSN 0323-357X4

Kolonie von Kaiserscharben in Ushuaia, Argentinien. Am Rand sind vereinzelte Dominikanermöwen zu sehen. Foto: Aleksei/AdobeStock.

SEEVÖGEL:

Charakteristika, Gefährdungen und Schutzmaßnahmen

Etwa 70 % der Erde sind mit Wasser bedeckt, aber nur 359 Arten von den rund 10 000 Vogelarten auf der Welt gehören zu den Seevögeln. Diese kommen auf allen Meeren vor, von den Küstengebieten bis zur Hochsee, und gelten als wichtige Bio-Indikatoren für den Zustand unserer Ozeane. 31 % aller Seevogelarten gelten als bedroht und mit 47 % zeigen fast die Hälfte der Arten einen rückläufigen Bestandstrend. Seevögel gehören somit zu einer der am stärksten bedrohten Vogelgruppen.

Was ist überhaupt ein Seevogel?

Hierzu gibt es unterschiedliche Definitionen, die zwischen See- und Küstenvögeln unterscheiden und zu unterschiedlichen Artzahlen führen können. Dieser Beitrag folgt der Klassifizierung, die von der IUCN (International Union for Conservation of Nature) für die Erstellung der Roten Liste verwendet wird. Hiernach gehören diejenigen Arten zur Gruppe der Seevögel, bei denen ein großer Teil der Population zumindest einen Teil des Jahres auf die Meeresumwelt angewiesen ist. Die typischen Hochseevögel, wie zum Beispiel Albatrosse, Trottellummen, Tordalken, Eissturmvögel oder Basstölpel verbringen die meiste Zeit ihres Lebens auf hoher See und kommen nur zur Fortpflanzung für wenige Wochen im Jahr an Land. Viele Seevogelarten brüten nur einmal im Jahr und finden sich dann in großen Kolonien zusammen, die Hunderttausende Individuen umfassen können. Dort kann man sie gut studieren und so ist es nicht verwunderlich, dass über lange Zeit die meisten Daten über Seevögel aus der Brutzeit stammten. Dort konnten über viele Jahrzehnte wertvolle Informationen über Bestände und Bestandstrends, aber auch zu den Bedrohungen und Gefahren, denen Seevögel ausgesetzt sind, gewonnen werden. Der Däne Hans Christian Cornelius Mortensen war der Erste, der seit dem Ende des 19. Jahrhunderts in größerem Umfang die wissenschaftliche Vogelberingung mit Metallringen durchführte. Später kam noch die Beringung mit Farbringen dazu. Zwar lieferten Wiederfunde von toten, beringten Vögeln wichtige Hinweise zum Zug- und Überwinterungsverhalten der Tiere, aber diese Methode hat auch Nachteile. Man kann nicht mit Sicherheit sagen, wo ein beringter Seevogel gestorben und vielleicht durch die Strömung Tausende Kilometer verdriftet worden ist, bis er schließlich irgendwo an einer Küste angespült wurde. Im Gegensatz zu Metallringen lassen sich Farbringe am lebenden Vogel wesentlich besser ablesen und tragen daher zum Verständnis von Zug- und Wanderbewegungen von Seevögeln bei. In den 1960er-Jahren begann der US-amerikanische Meeresbiologe Gerald Kooyman schließlich mit seinem Team damit, kleine Loggergeräte zu entwickeln, die selbstständig Daten aufzeichnen konnten und wertvolle Informationen über die Lebensweise von Seevögeln lieferten, die dem Menschen bis dato verborgen geblieben waren. Da die Geräte damals noch sehr schwer waren, setzte man sie zunächst auf Pinguinen ein, um deren Tauchverhalten zu untersuchen. Inzwischen werden neben dem Einsatz von Satellitensendern verschiedenste Loggertypen hergestellt, die mit unterschiedlichen Sensoren sowie GPS ausgestattet sind und neben der Tauchtiefe zum Beispiel auch Flughöhen, Luft- und Wassertemperaturen, Flugrouten, Wanderbewegungen, Flug- und Ruhezeiten aufzeichnen können. Die kleinen Geräte haben die Wissenschaft förmlich revolutioniert und unser Wissen über die Lebensweise von Seevögeln außerhalb der Brutzeit und im gesamten Jahresverlauf massiv erweitert. Ein weiterer Vorteil bei der Erforschung von Seevögeln ist, dass sie, im Gegensatz zu den meisten anderen Meeresbewohnern, auf See gut sichtbar und daher von Schiffen und Flugzeugen aus gut zu erfassen sind. Ab Seite 22 in diesem Heft wird ausführlich auf die langjährigen, regelmäßigen Bestandserfassungen von Seevögeln im Rahmen des

Königspinguine vor den Bergen Südgeorgiens. Die Insel gilt als eines ihrer wichtigsten Brutgebiete. Auf dem Friedhof der ehemaligen Walfangstation Grytviken befindet sich das Grab des britischen Polarforschers Ernest Henry Shackleton. Foto: willtu/AdobeStock.

Krabbentaucher im Prachtkleid. Die Vögel brüten in großen Kolonien in der Arktis auf steilen Küstenklippen und Berghängen. Foto: C. Moning.

sogenannten Seabirds-at-Sea-Programms eingegangen, welches wichtige Daten zur Verbreitung von Seevögeln im gesamten Jahresverlauf sowie zu ihren bevorzugten Nahrungsgründen, Rast- und Überwinterungsgebieten liefert.

Der Schutz von Seevogelkolonien

Viele Seevogelkolonien stehen mittlerweile weltweit unter Schutz. Zahlreiche NGOs betreuen solche Kolonien oft mithilfe vieler ehrenamtlicher Helferinnen und Helfer. Im Rahmen von Monitoringprogrammen führen sie regelmäßige Zählungen durch, zäunen Kolonien von Bodenbrütern zum Schutz vor Prädatoren wie Füchsen oder Marderartigen ein und kümmern sich teils auch um kranke und verletzte Tiere. Der Besuch einer Seevogelkolonie mit vielen tausend Tieren ist ein spektakuläres Erlebnis und so bieten einige Organisationen auch Führungen an oder sorgen mit baulichen Maßnahmen wie Aussichtstürmen oder Bohlenwegen für eine Kanalisierung der Touristenströme, damit die brütenden Vögel nicht gestört werden.

In mehreren Kolonien wurden außerdem Webcams eingerichtet, sodass man die Tiere sogar am anderen Ende der Welt bequem per Smartphone oder Computer bei der Aufzucht ihrer Jungen beobachten kann. Auf Seite 63 in diesem Heft ist eine Auswahl an Internetadressen zu Webcams in verschiedenen Kolonien auf der Nord- und Südhalbkugel zu finden.

Gelbschopflund auf St. George Island in Alaska. Die Art gehört zur Familie der Alkenvögel.

Foto: Nick Taurus/AdobeStock.

Die größten Gefahren für Seevögel

Neben der wertvollen ehrenamtlichen Arbeit in den Brutkolonien wird an vielen Universitäten und Instituten weltweit über Seevögel geforscht.

Die langjährigen Datenerhebungen ermöglichen einen guten Überblick über die Bestandsentwicklungen vieler Arten sowie zu den wichtigsten Gefahren, denen sie ausgesetzt sind. Eine der umfassendsten Analysen dazu erschien im Jahr 2019 in der Fachzeitschrift *Biological Conservation*. Zehn Autoren präsentieren dort eine umfangreiche quantitative Bewertung der unterschiedlichen Gefahren für alle 359 Seevogelarten und fassen verschiedene Schutzmaßnahmen für die bedrohten Arten zusammen.

Zwei Blaufußtölpel auf einem Lava-Stein. Die meisten Vögel kommen auf den Galapagosinseln vor. Die blaue Farbe der Füße kommt, ähnlich wie bei Flamingos, vor allem durch ihre Ernährung, indem sie die Farbstoffe über ihre Beutefische aufnehmen. Foto: chiyacat/AdobeStock.

Laut der Autoren sind dies die drei größten Bedrohungen für Seevögel in Bezug auf die Anzahl der betroffenen Arten und die jeweiligen Auswirkungen:

1. Invasive, gebietsfremde Arten, von denen 165 Seevogelarten betroffen sind. Am gravierendsten wirken sich weltweit Ratten und Katzen aus.
2. Seevögel als unbeabsichtigter Beifang in der Fischerei. Hiervon sind 100 Seevogelarten betroffen. Vor allem Arten wie Pinguine, Albatrosse und Sturmvögel verfangen sich zum Beispiel bei der Langleinenfischerei in den zahlreichen Angelhaken und ertrinken qualvoll.
3. Von den negativen Auswirkungen des Klimawandels bzw. extremen Wetterbedingungen, wie zum Beispiel klimabedingte Veränderungen der Lebensräume, Hitzeperioden, Stürme, Überflutungen sind 96 Arten betroffen.

Fregattvögel sind in den Tropen und Subtropen verbreitet. Sie sind vor allem bekannt für den markanten roten, aufblähbaren Kehlsack der männlichen Tiere, um in der Balzzeit die Weibchen zu beeindrucken.

Foto: Chris/AdobeStock.

Weitere Gefahren für Seevögel stellen außerdem die Überfischung, die Jagd bzw. der Fallenfang sowie Störungen durch Menschen dar. Eine detaillierte Liste der Gefahren in Bezug zur Anzahl der betroffenen Arten ist in der unten stehenden Abbildung aufgeführt.

Laut der Autoren würde allein die Beseitigung der drei größten Bedrohungen zwei Dritteln aller Arten und etwa 380 Millionen Individuen zugutekommen. Zu den am stärksten gefährdeten Gruppen gehören Albatrosse, Sturmvögel und Pinguine. Vor allem für die Arten dieser Gruppen ist es von entscheidender Bedeutung, sowohl die terrestrischen als auch die marinen Bedrohungen zu bekämpfen, um den Rückgang der Bestände aufzuhalten.

Da die negativen Auswirkungen des Klimawandels schwieriger abzumildern sind, ist es von entscheidender Bedeutung, als Ausgleich wenigstens andere Gefährdungen zu reduzieren, die oft dieselben Arten betreffen. Für die Probleme durch invasive, gebietsfremde Arten, Beifang und Überfischung gibt es teilweise bereits bewährte Lösungen, die allerdings nicht immer und überall ausreichend umgesetzt werden. Die Gründe dafür sind zum Beispiel komplexe technische Anforderungen sowie hohe Kosten. Im Falle der Stellnetzfischerei fehlt es trotz intensiver Forschung noch an umsetzbaren technischen Verbesserungen.

Der Lösungsansatz der Kompensation ist jedenfalls ein pragmatisches Instrument, um bedrohte Seevogelarten besser zu schützen. Die negativen Auswirkungen auf Seevögel durch den massiven Ausbau der Offshore-Windenergie in der Nordsee, Ostsee und den angrenzenden Regionen könnten ebenfalls durch die Reduzierung anderer menschlicher Nutzungen auf dem Meer, wie zum Beispiel dem Schiffsverkehr, dem Sand- und Kiesabbau sowie der Fischerei, abgemildert werden.

Ulrike Kubetzki

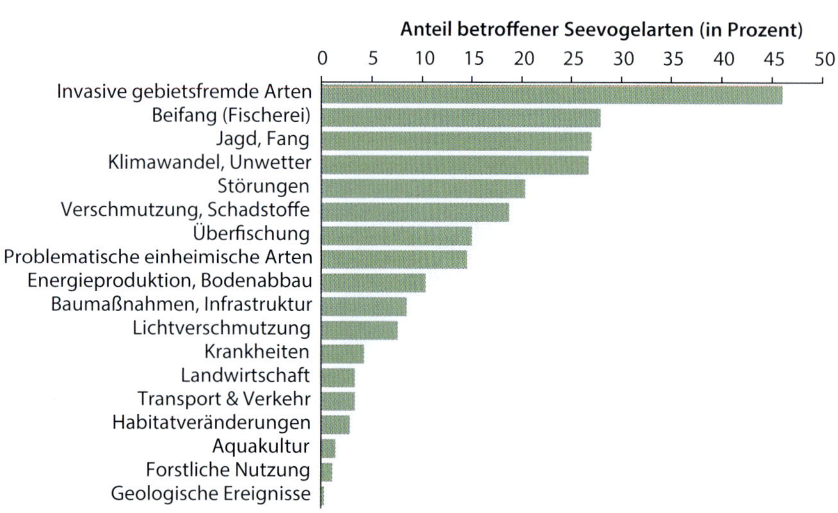

Gefährdungsfaktoren für Seevögel. Die Faktoren sind so sortiert, dass die Faktoren, die die meisten Arten betreffen, am weitesten oben stehen.

Literatur zum Thema

Dias M P, Martin R, Pearmain E J, Burfield I J, Small C, Phillips R A, Yates O, Lascelles B, Borboroglu PG, Croxall J P 2019: Threats to seabirds: A global assessment. Biological Conservation 237: 525-537.

Furness R W, Monaghan P 1987: Seabird ecology. Blackie, Glasgow.

Garthe S, Kubetzki U 2024: Tracking – Der gläserne Vogel. Erkenntnisse, Berichte und Reportagen aus der Praxis. Aula-Verlag, Wiebelsheim.

Schreiber E A, Burger J 2002, Hrsg.: Biology of marine birds. CRC Press, Boca Raton.

Dr. Ulrike Kubetzki ist als Wissenschaftlerin und Hochschuldozentin an der Universität Kiel in der Abteilung „Tierökologie, Naturschutz und Wissenschaftskommunikation" tätig. Sie ist Mitglied der Fachredaktion bei DER FALKE.

Ein Brutvogel der Falklandinseln – der Schwarzbrauenalbatros. Mit über 500 000 brütenden Paaren ist er auf und um den Archipel häufig zu finden.
Foto: M. Feldhoff. New Island, Falklandinseln, 12.1.2023.

Der Diamant der Falklandinseln

Weit vor der argentinischen Küste in greifbarer Nähe zur Antarktis liegen die Falklandinseln, ein Archipel aus mehr als 770 Inseln. Die Falklandinseln sind Brutort für zahlreiche Seevögel und Pinguine. Eine Insel sticht dabei besonders hervor: New Island, sie gilt als „Diamant" der Falklandinseln. Vier Pinguinarten brüten hier, außerdem beheimatet die Insel Tausende Schwarzbrauenalbatrosse und der Bestand des Dünnschnabel-Sturmvogels wird auf etwa 2 000 000 Paare geschätzt. Auch auf dem Meer vor der Insel ist viel los: Durch die aus der Antarktis kommenden südwestlichen Winde herrschen häufig gute Bedingungen zum „Seawatching". Seit über einem Jahrzehnt forscht die Universität Gießen auf New Island und ermöglicht Forschenden einen mehrmonatigen Aufenthalt auf der abgelegenen Insel.

Ganz im Westen der Falklandinseln gelegen stößt New Island auf den offenen Atlantik. Einige Seevogel- und Pinguinarten finden hier einen geeigneten Brutplatz. Vier große Felsenpinguinkolonien verteilen sich auf die hohen Klippen der Westseite der Insel, während die Eselspinguine im Inselinneren acht Kolonien gebildet haben. Magellanpinguine brüten über das gesamte Eiland verstreut. Eine der größten gemischten Kolonien liegt unweit der Forschungsstation in den Klippen. Tausende Felsenpinguine tummeln sich zwischen Nestern von Schwarzbrauenalbatrossen und Blauaugenscharben. Truthahngeier, Braunskuas und Falklandkarakaras jagen durch die Luft, um den Pinguinen ihre Eier zu klauen. Wer lange genug sucht, findet einen Goldschopfpinguin, vorbeiziehende Wale oder einen Seelöwen, der die Pinguine an Land jagt. Die Insel hat eine lebhafte Vergangenheit, seit der Mensch sie das erste Mal betrat. Über Jahrzehnte wurden die großen Pinguinkolonien für die Ölgewinnung zerstört. Auch die Waljagd hat eine Epoche der Insel geprägt. Mit Beendigung der Jagd begann die intensive Schafhaltung auf der Insel. Das heimische Tussacgras (*Poa flagellata*), welches bis zu zwei Meter hoch wächst, bedeckte bis dato große Teile der Insel. Seit dem Ende der Beweidung sind nur noch kleine Teile der Insel mit Tussacgras bewachsen. In der Folge wurde es ruhiger um die Insel. Auch im Falklandkrieg 1972 spielte New Island keine Rolle. Ein britischer Soldat kaufte nach dem Krieg große Teile der Insel, um der Natur den wohlverdienten Raum zurückzugeben.

Ein Dünnschnabel-Sturmvogel vor dem aufgehenden Mond. Aufgenommen wurde das Bild während einer Fangaktion zur Beringung und Beprobung der Vögel.
Foto: M. Feldhoff. New Island, 12.2.2023.

Heute gehört die Insel dem Naturschutzverein „Falklands Conservation“. Auf New Island leben über das Sommerhalbjahr zwei Falkländer, die sich um die Instandhaltung der Infrastruktur kümmern und die wenigen Gäste auf der Insel betreuen. Darunter sind auch jedes Jahr Forschende aus aller Welt, unter anderem eine Arbeitsgruppe der Justus-Liebig-Universität Gießen unter der Leitung von Prof. Dr. Petra Quillfeldt. Der Fokus liegt dabei auf einer eher unbekannten Art: dem Dünnschnabel-Sturmvogel (*Pachyptila belcheri*). Für die etwa drosselgroße Röhrennase gilt New Island als weltweit wichtigster Brutplatz. Eine Studie aus den 1980er-Jahren schätzte den Bestand auf der Insel auf etwa 2 Millionen Paare. Weitere Brutplätze sind nur vereinzelt auf Inseln im Indischen Ozean oder Südgeorgien zu finden. Weil Dünnschnabel-Sturmvögel Höhlenbrüter sind, ist der größte Teil von New Island nicht sicher begehbar. Es besteht fast überall die Gefahr, in eine ihrer kleinen Höhlen zu treten. Dabei sind die Vögel auf der Insel fast nie zu sehen. Sie kommen nur in tiefster Dunkelheit zur Insel, um ihre Jungen zu füttern. Dann aber ist der Himmel voll von ihnen. Auf der Suche nach ihrem Nest fliegen unzählige Vögel durch die Nacht über New Island. Den Tag verbringen die

Die Westseite von New Island ist geprägt von Felsklippen, die bis zu 200 m hoch sind. An vielen Stellen finden sich brütende Schwarzbrauenalbatrosse und Felsenpinguine. Foto: M. Feldhoff. New Island, 14.2.2023.

Schwarzbrauenalbatrosse balzen gerne miteinander, dabei streicheln sie sich mit ihren Schnäbeln und quaken sich gegenseitig an.

Foto: M. Feldhoff. New Island, 10.12.2022.

adulten Vögel auf dem Meer und suchen in großen Trupps nach Nahrung oder ruhen sich aus. Sie halten sich möglichst fern von den Inseln und Küstenlinien, da sie begehrte Nahrung für Braunskuas, Wanderfalken und Falklandkarakaras sind. Erforscht wird auf New Island ihr Brutverhalten, insbesondere die Entwicklung der heranwachsenden Jungvögel steht dabei im Fokus. Die Küken schlüpfen nach Neujahr und bleiben, bis sie im März flügge werden, in den kleinen Höhlen. Dort warten sie teilweise bis zu einer Woche, ehe die adulten Sturmvögel ihnen einen kurzen Fütterungsbesuch abstatten. Einmal ausgeflogen geht es für die Röhrennasen direkt aufs Meer, wo sie den größten Teil ihres Lebens verbringen werden.

Ein alter Bekannter

Spätestens seit seinem regelmäßigen Auftreten vor Helgoland und Sylt von 2014 bis 2018 ist der Schwarzbrauenalbatros eine bekannte und beliebte Art unter deutschen Vogelbeobachtern. Galt die elegante Röhrennase in der Nordsee als Sensation, ist sie auf den Falklandinseln einer der häufigsten Brutvögel. Insgesamt brüten auf dem Archipel circa 550 000 Paare. Auf New Island findet man mit etwa 16 000 Paaren vergleichsweise kleine Kolonien. Die Bestände einiger Albatrosarten sinken konstant. Grund hierfür ist unter anderem die Langleinenfischerei, bei der sich die Vögel in den Leinen verfangen und ertrinken. Auch verhungern Albatrosse weltweit mit Mägen voller Plastik. Die Schwarzbrauenalbatrosse auf den Falklandinseln zeigen aber schon seit Jahren einen positiven Bestandstrend. Auf New Island hat sich die Population seit 1992 (circa 8900 Paare) fast verdoppelt. Die Albatrosse starten und landen gerne an exponierten Stellen in und um die Kolonie. Häufig braucht es für die Landung mehrere Versuche, da die Röhrennasen zwar gut segeln, aber weniger gut manövrieren können. So herrscht über der Kolonie stets ein reges Treiben auf der Suche nach dem richtigen Windstrom. Nach der Landung pflegen die Albatrosse einen sozialen Umgang mit ihren Artgenossen und schnäbeln in der Regel für einige Minuten untereinander, ehe der Weg zum eigenen Nest angetreten wird. Dort warten ihre Jungen, welche schon nach wenigen Wochen allein auf dem Nest zurückgelassen werden. Juvenile Albatrosse können eine ölige Flüssigkeit ausspeien, um sich vor potenziellen Fressfeinden wie Falklandkarakaras zu verteidigen. Weil die Schwarzbrauenalbatrosse keine Scheu vor

Im Umfeld der Kolonien segeln Hunderte Schwarzbrauenalbatrosse umher. Zum Landen werden häufig gleiche Routen benutzt.

Foto: M. Feldhoff. New Island, 14.1.2023.

Felsenpinguine versuchen eine Braunskua in die Flucht zu jagen. Foto: M. Feldhoff. New Island, 6.1.2023.

Um an Land zu gelangen, hüpfen die Pinguine mit Schwung aus den Wellen. Nicht alle landen dabei auf den Füßen. Foto: M. Feldhoff. New Island, 20.12.2022.

Menschen zeigen, lassen sie sich auf New Island hautnah erleben. Mit etwas Geduld kommen die wunderschönen Röhrennasen den Beobachtenden ganz nah.

Fast verschwunden

Ebenfalls ein positives Beispiel für steigende Bestände sind die Felsenpinguine. Auf New Island wurden sie bis ins frühe 20. Jahrhundert gejagt und für die Ölgewinnung getötet. Die Reste dieser Infrastruktur rosten noch heute auf der Insel vor sich hin. Waren die Pinguine fast gänzlich verschwunden, haben sich die Bestände auf New Island wieder erholt. Heute brüten sie in großen Kolonien in den Klippen der Insel. Während der Brutzeit bringen die Pinguine täglich eine unglaubliche Energieleistung auf. Mit dem Aufgang der Sonne wird das Nest in der Kolonie verlassen. Für die Pinguine geht es ins Meer, wo sie bis zum späten Nachmittag Fische und andere kleine Meerestiere jagen, um abends den langen, steilen Weg zurück in die Kolonie hüpfend und kletternd hinter sich zu bringen. Die höchsten Nester von Felsenpinguinen auf New Island liegen circa 70 m über dem Meer. Ein täglicher Kraftakt, auf dem dazu noch Gefahren lauern. Denn auf der Insel finden sich einige Prädatoren. Während Braunskua und Falklandkarakara „nur" hinter Eiern und Küken her sind, jagen Seelöwen vorzugsweise adulte Pinguine. Kommen die Pinguine zurück an Land, halten sie sich häufig für einige Minuten im Bereich der Brandung auf, um sich zu putzen oder kurz auszuruhen, ehe es die Höhenmeter zur Kolonie zu bewältigen gilt. Hier schlagen die Seelöwen zu. Dafür kommen die Meeressäuger aus dem Wasser und jagen die Pinguine an Land. Mit ihren kurzen Beinen sind die Vögel allerdings zu langsam, um dem erstaunlich beweglichen Seelöwen zu entkommen. Die erschlagene

Ein Seelöwe hat erfolgreich einen Eselspinguin gejagt. Im Wasser schleudert er das Tier umher, um Stücke herauszureißen. Foto: M. Feldhoff. New Island, 18.2.2023.

Felsenpinguin bei der Gefiederpflege.
Foto: M. Feldhoff. New Island,18.1.2023.

Nach dem Sprung aus dem Meer schütteln die Felsenpinguine zuerst das Wasser aus ihrem Gefieder.
Foto: M. Feldhoff. New Island,18.1.2023.

Beute wird mit ins Wasser genommen und dort gefressen. Was der Seelöwe übrig lässt, holen sich Riesensturmvögel, Braunskuas oder Blutschnabelmöwen.

Ein „Seawatching"-Paradies

Auf New Island ist es fast immer windig und oft stürmisch. Der Wind kommt dabei meist aus West, ab und an auch aus Südwest oder Nord. Die Bedingungen, um Seevögel auf dem Meer zu beobachten, können also besser nicht sein. Dauerhaft zu beobachten sind Schwarzbrauenalbatrosse. Sowohl die Vögel, die auf New Island brüten, als auch die, die sich in einer der vielen anderen Kolonien des Archipels niedergelassen haben, segeln vor New Island entlang. Unter ihnen lassen sich mit viel Glück weitere Albatrosarten finden. Graukopfalbatrosse sowie Rußalbatrosse brüten auf Südgeorgien. Die Inselgruppe ist 1500 km entfernt, was für Albatrosse eine überschaubare Distanz darstellt. Regelmäßig zu beobachten, aber schwer zu bestimmen, sind die großen Albatrosse, die die Insel passieren. Vor allem bei Westwind lassen sie sich täglich auf dem Atlantik entdecken. Die mit Abstand häufigste Art darunter ist der Südliche Königsalbatros. Er gilt zusammen mit dem Wanderalbatros, welcher vor New Island sehr selten zu beobachten ist, mit 3,50 m Flügelspannweite als größter rezenter Vogel des Planeten. Ebenfalls selten sind Schwarzflügelalbatrosse. Der auf New Island brütende Riesensturmvogel ist dagegen häufig zu beobachten. Ein zweiter Blick lohnt sich bei der aasfressenden Röhrennasenart aber, denn auch die nah verwandten Hallsturmvögel (*Macronectes halli*) fliegen in kleiner Zahl an der Insel vorbei. Natürlich lassen sich noch viele weitere Röhrennasen beobachten: Dunkel- und Kappensturmtaucher sind sogar häufig, während viele weitere Arten, wie Weißkinn-Sturmvogel oder Weichfeder-Sturmvogel, sehr selten sind.

Matthias Feldhoff

Literatur zum Thema

Strange I, Strange G 2007: New Island, Falkland Island, a South Atlantic Wildlife Sanctuary for Conservation Management. Design In Nature.

Strange I 1992: Field Guide to the Wildlife of the Falkland Islands and South Georgia. Collins.

Crofts S 2020: Notes on population census of Black-Browed Albatrosses in the Falkland Islands in 2017. Falklands Conservation.

Matthias Feldhoff ist Ornithologe und Fotograf aus Remscheid, der schwerpunktmäßig Wasser-, Wat- und Seevögel beobachtet. Er ist Vorstandsmitglied in der Naturschutz- und Forschungsgemeinschaft Mellumrat e.V. und ehrenamtlich aktiv im Bartgeier-Auswilderungsprojekt im Nationalpark Berchtesgaden. Er studiert Umweltwissenschaften in Oldenburg und forschte für seine Bachelorarbeit im Winter 2022/2023 am Dünnschnabel-Sturmvogel auf New Island.

Bei starkem Westwind sind „Große Albatrosse" nicht selten vor New Island zu beobachten. Dieser Königsalbatros flog sehr nah an der Insel vorbei. Foto: M. Feldhoff. New Island, 14.3.2023.

Brutvogelkartierung vom Felswatt aus.

Foto: J. Dierschke. Helgoland, 14.6.2020.

EISSTURMVOGEL, BASSTÖLPEL, DREIZEHENMÖWE, TORDALK UND TROTTELLUMME:

Brutbestandsentwicklung der Klippenbrüter auf Helgoland

Fünf Vogelarten kommen in Deutschland ausschließlich auf der Nordseeinsel Helgoland als Brutvogel vor. Bei allen handelt es sich um Seevögel, die in Klippen brüten: Eissturmvogel (*Fulmarus glacialis*), Basstölpel (*Morus bassanus*), Dreizehenmöwe (*Rissa tridactyla*), Trottellumme (*Uria aalge*) und Tordalk (*Alca torda*). Die aufwendige Kartierung der Brutbestände wird seit vielen Jahren vom Institut für Vogelforschung „Vogelwarte Helgoland" durchgeführt, seit einigen Jahren unterstützt vom Verein Jordsand zum Schutz der Seevögel und der Natur e.V. Dabei müssen für die verschiedenen Arten unterschiedliche Methoden angewandt werden.

Der Bestand des Eissturmvogels ist stark rückläufig. Foto: J. Dierschke. Helgoland, 6.5.2010.

Bei Basstölpel und Dreizehenmöwe werden besetzte Nester gezählt, bei Eissturmvogel und Tordalk die besetzten Brutplätze. Da jeweils auch Nichtbrüter mitkartiert werden, spricht man hierbei im Englischen von „apparently occupied territories“, also offenbar besetzte Territorien. Trottellummen brüten sehr dicht zusammen und bauen keine Nester. Daher wird die Gesamtzahl der Individuen gezählt und mit einem extra ermittelten Korrekturfaktor multipliziert (auf Helgoland 0,64), der die zeitlichen Anwesenheitsmuster von Brutvögeln am Brutplatz, aber auch die Präsenz von Nichtbrütern berücksichtigt.

Die folgenden Angaben beruhen im Wesentlichen auf einem kürzlich erschienen Artikel (Dierschke et al. 2023), wurden aber um die Jahre 2022 und 2023 ergänzt.

Unterschiedliche Bestandsentwicklungen

Tordalke haben auf Helgoland stark zugenommen und erreichten 2023 mit 114 Territorien einen neuen Höchstbestand. Der Basstölpel hat Helgoland erst 1991 besiedelt und seitdem ist der Bestand stetig angestiegen. Erst 2023 hat die Population, bedingt durch einen starken Ausbruch der hoch ansteckenden „Vogelgrippe“ (aviäre Influenza) im Vorjahr, deutlich auf etwa zwei Drittel des Bestandes von 2022 (1485 Paare) abgenommen.

Auch die Trottellumme hat in den letzten zehn Jahren deutlich zugenommen und ihren Bestand fast verdoppelt. Die vielfach geäußerte Befürchtung, dass der Basstölpel die Trottellummen verdrängt, hat sich demzufolge nicht bewahrheitet. Angesichts der Schwierigkeit der Erfassung kann man die Bestände der letzten Jahre als Stabilisierung auf hohem Niveau interpretieren. Dass einige Paare seit 2018 auf der zum Brüten eigentlich ungeeigneten Nordwestmole ihre Eier ablegen, könnte ein Hinweis darauf sein, dass die Kapazität der Klippen als Brutort für Trottellummen erschöpft ist. Im Frühjahr 2023 schlug dann auch bei den Trottellummen die „Vogelgrippe“ zu. Sie sorgte auf Helgoland für Hunderte toter Jungvögel und an den Stränden der Ostfriesischen Inseln für viele angeschwemmte Altvögel, von denen einige Ringe von Helgoland trugen. Die Auswirkungen auf den Brutbestand können derzeit noch nicht abgeschätzt werden.

Ganz anders sieht es bei der Dreizehenmöwe aus: Noch vor etwa 15 bis 20 Jahren war sie mit über 8000 besetzten Nestern der häufigste Brutvogel Helgolands, inzwischen ist der Bestand auf etwa ein Viertel zurückgegangen. Ähnlich sieht es beim Eissturmvogel aus, von dem nur noch etwas über 20 Reviere kartiert wurden (vor zwanzig Jahren waren es noch 120 Paare).

Die Bestände der „Big 5“ Helgolands haben sich also sehr unterschiedlich entwickelt: Zunahmen bei Trottellumme, Tordalk und Basstölpel stehen drastische Abnahmen bei Dreizehenmöwe und Eissturmvogel gegenüber.

Gefährdungen

Bei der Bestandsentwicklung der Seevögel spielten früher zwei Faktoren eine große

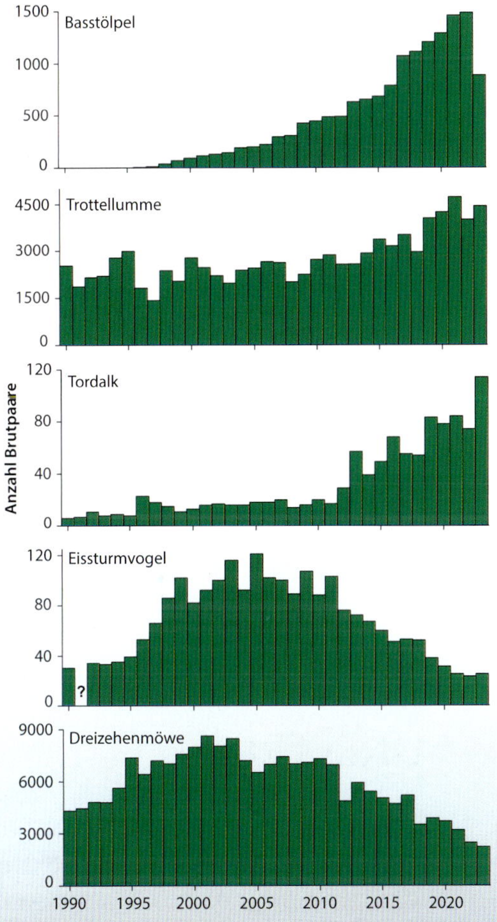

Brutbestandsentwicklung der „Big 5“ Helgolands von 1990 bis 2023.

Im Jahr 2022 starben durch die hoch ansteckende Vogelgrippe allein auf Helgoland über tausend alte und junge Basstölpel. Foto: J. Dierschke. 24.7.2022.

Obwohl unter anderem Silbermöwen das eine oder andere Ei erbeuten, stellt Prädation kein Risiko für die Helgoländer Klippenbrüter dar.
Foto: J. Dierschke. 29.4.2022.

Basstölpellolonie am Lummenfelsen.
Foto: J. Dierschke. 5.5.2020.

Rolle: zunächst vor allem die Jagd, später dann die „Ölpest". Beides ist heute in Helgoländer Gewässern unbedeutend: Die Jagd ist verboten, Verölungen treten nur noch sehr selten auf, auch wenn die aktuellen Ereignisse zeigen, dass ein Schiffsunglück mit entsprechenden Folgen noch jederzeit möglich ist. Dafür fordert eine andere Art der Umweltverschmutzung seine Opfer: Plastikmüll. Dieser wird von Basstölpeln als Nistmaterial in die Kolonie eingetragen. Jedes Jahr sterben viele Alt- und Jungvögel von Basstölpel und Trottellumme, indem sie sich in den Plastikfäden strangulieren. Dreizehenmöwe und Eissturmvogel sind nur ausnahmsweise davon betroffen, da sie in der Regel nicht mit den Basstölpelnestern in Kontakt geraten.

Ein Tordalk verteidigt seinen Brutplatz gegen eine Trottellumme Foto: J. Dierschke. Helgoland, 26.4.2021.

Weitaus gravierender ist die immer stärkere Nutzung der Nordsee um Helgoland durch den Menschen. Die Fischerei sorgt mit ihren verschiedenen Fangmethoden für eine Verringerung des Nahrungsangebots, teils durch Wegfang von Beutefischen, teils durch Zerstörung des Meeresbodens als Lebensraum für Beutetiere. Mehrere Seevogelarten meiden teilweise die Nähe von Offshorewindparks. Deren Bau in der Nähe von Helgoland hat schon jetzt, noch bevor die anvisierte Vervielfachung der dafür genutzen Fläche realisiert wurde, zu Lebensraumverlusten auch der Helgoländer Brutvögel geführt. Dies belegen telemetrische Untersuchungen an dort brütenden Basstölpeln und Trottellummen.

Kaum absehbar sind die Folgen des globalen Klimawandels, durch direkte Einflüsse auf die Seevögel oder durch Veränderungen in der Fischfauna als Nahrungsangebot. Für die meisten hier behandelten Arten stellt Helgoland einen der südlichsten Brutplätze dar. Dementsprechend könnte die Erhöhung der Luft- und Wassertemperatur eine Rolle für die Bestandsentwicklung spielen. In der Tat wurde im Hitzesommer 2018 ein sehr niedriger Bruterfolg insbesondere in den sonnenexponierten Klippenbereichen festgestellt, welche inzwischen von den im Bestand abnehmenden Arten weitgehend geräumt wurden. Geringe Nachwuchsraten sind allgemein ein Problem für die auf Helgoland abnehmenden Arten Dreizehenmöwe und Eissturmvogel (s. Beitrag S. 18).

Angesichts der vielfältigen Einflüsse auf die Helgoländer Seevögel, im Übrigen auch außerhalb der Brutzeit in den Winterquartieren über den gesamten Nordatlantik hinweg, ist schwer vorherzusehen, wie sich die Brutbestände auf Deutschlands einziger Hochseeinsel entwickeln werden. Es ist zu hoffen, dass im Zuge der Industrialisierung der deutschen Nordsee ausreichend geschützter Raum verbleibt, den die Vögel als Lebensraum nutzen können.

Jochen Dierschke, Volker Dierschke

Ausschnitt aus der Helgoländer Brutkolonie mit Trottellummen, Dreizehenmöwen und einem Basstölpel an ihren Brutplätzen. Foto: J. Dierschke. 27.5.2010.

Literatur zum Thema

Dierschke J, Dierschke V, Hüppop K, Hüppop O, Jachmann K F 2011: Die Vogelwelt der Insel Helgoland. OAG Helgoland, Helgoland.

Dierschke J, Dierschke V, Mercker M 2023: Brutbestandsentwicklung von See- und Küstenvögeln auf Helgoland. Vogelwelt 141: 3-22.

Peschko V, Mendel B, Müller S, Markones N, Mercker M, Garthe S 2020: Effects of offshore windfarms on seabird abundance: Strong effects in spring and in the breeding season. Mar. Environ. Res. 162: 105157.

Dr. Jochen Dierschke ist Technischer Leiter der Inselstation des Instituts für Vogelforschung „Vogelwarte Helgoland" und beschäftigt sich von Kindesbeinen an mit der Vogelbeobachtung.

Dr. Volker Dierschke ist freiberuflicher Biologe und bearbeitet vor allem ornithologische Themen im Meeresnaturschutz. Seit 2015 leitet er die gemeinsame Seevogel-Expertengruppe des Internationalen Rates für Meeresforschung (ICES) und der Meeresschutzabkommen OSPAR und HELCOM.

Bei Hitze und wenig Wind hecheln alte und junge Basstölpel, um sich abzukühlen.
Foto: V. Dierschke. Helgoland, 7.8.2020.

MASS FÜR DEN POPULATIONSZUSTAND:

Bruterfolg von Seevögeln in der Nordsee

Die Reproduktionsrate ist bei Vögeln eine wichtige und aussagekräftige populationsbiologische Größe. Bei Seevögeln wird sie neben der Bestandsgröße und Mortalität durch menschliche Einflüsse als Maß für den Zustand europäischer Meeresgebiete verwendet. Hier werden kurz Methoden und Ergebnisse entsprechender Untersuchungen auf Helgoland erläutert und Ergebnisse einer nordseeweiten Analyse von Bruterfolgen vorgestellt.

Die Populationsbiologie der meisten Seevogelarten ist dadurch gekennzeichnet, dass sie langlebig sind und erst im Alter von mehreren Jahren zum ersten Mal brüten. Die Bestandsentwicklung hängt aber nicht nur von der vergleichsweise schwer zu messenden durchschnittlichen Überlebensrate der Individuen ab, sondern auch von der Reproduktionsrate, die in Form des Bruterfolgs leichter zu ermitteln ist. Wie viele Jungvögel in einem Jahr aufgezogen werden, hängt von ganz verschiedenen Einflüssen ab, wie zum Beispiel von der Nahrungsverfügbarkeit, dem Wetter und von Prädation. Gegenüber der relativ stabilen Überlebensrate von Altvögeln unterliegt der Bruterfolg aufgrund dieser verschiedenen Einflüsse viel stärkeren Schwankungen. Als ein Indikator für günstige bzw. ungünstige Bedingungen für Seevögel wird deren Bruterfolg auch zur Bewertung des Zustands von Meeresgebieten herangezogen. Hier soll kurz berichtet werden, wie eine solche Zustandsbewertung für Seevögel im Bereich des Nordostatlantiks im Rahmen des für diese Region geltenden OSPAR-Abkommens (Oslo-Paris-Konvention zum Schutz des Nordostatlantiks) erfolgt. Mehr Informationen zu OSPAR findet man unter: www.ospar.org

Stark schwankende Bruterfolge auf Helgoland

Seevögel brüten in Deutschland nur auf der Insel Helgoland. Nach verschiedenen, meist kurzzeitigen Untersuchungen in den vergangenen Jahrzehnten wird dort seit 2015 alljährlich im Rahmen von Projekten der Universität Kiel, die vom Bundesamt für Naturschutz gefördert werden, der Bruterfolg von Eissturmvögeln, Basstölpeln und Dreizehenmöwen gemessen. Dazu wird die auch in zahlreichen britischen Seevogelkolonien verwendete Methode der Nestbeobachtung eingesetzt.

In den Jahren 2015 bis 2022 wurden auf Helgoland deutliche Schwankungen im Bruterfolg beobachtet. Mithilfe von Populationsmodellen kann man einschätzen, ob der Bruterfolg ausreicht, um den Brutbestand stabil zu halten. Dreizehenmöwen und Eissturmvögel verfehlten die erforderliche Reproduktionsrate in den betrachteten Jahren deutlich, meist wurde nicht einmal halb so viel Nachwuchs produziert wie es für einen stabilen Bestand nötig wäre. Dies passt gut zu den dramatischen Bestandsabnahmen der beiden Arten auf

Nestbeobachtung zur Ermittlung des Bruterfolgs beim Basstölpel

In verschiedenen Probeflächen im Helgoländer Buntsandsteinfelsen werden Mitte Mai „offenbar besetzte Nester“ auf Fotos eingezeichnet. Von Ende Juli bis Anfang Oktober wird alle zwei Wochen für jedes Nest notiert, ob sich ein Jungvogel im Nest befindet und wie alt dieser ist (anhand von Gefiedermerkmalen). Eine Brut wird als erfolgreich gewertet, wenn ein Jungvogel bei einer Kontrolle ein Alter von mindestens zehn Wochen erreicht hat (also zwei Wochen später unter Annahme der Nestlingszeit von zwölf Wochen bereits ausgeflogen sein kann). In diesem Beispiel aus dem Jahr 2021 waren 19 von 31 Nestern erfolgreich, sodass der durchschnittliche Bruterfolg in dieser Probefläche bei 0,61 flüggen Jungen pro offenbar besetztem Nest lag. Der Bruterfolg für die gesamte Kolonie ergibt sich aus dem Mittelwert der Durchschnittswerte aller Probeflächen (2021 0,58 flügge Junge pro offenbar besetztem Nest). Bei Eissturmvogel und Dreizehenmöwe werden ähnliche Methoden angewandt.

Probefläche zur Ermittlung des Bruterfolgs beim Basstölpel. Grün: erfolgreiche Nester; rot: erfolglose Nester.

Foto: V. Dierschke. Helgoland, 17.5.2021.

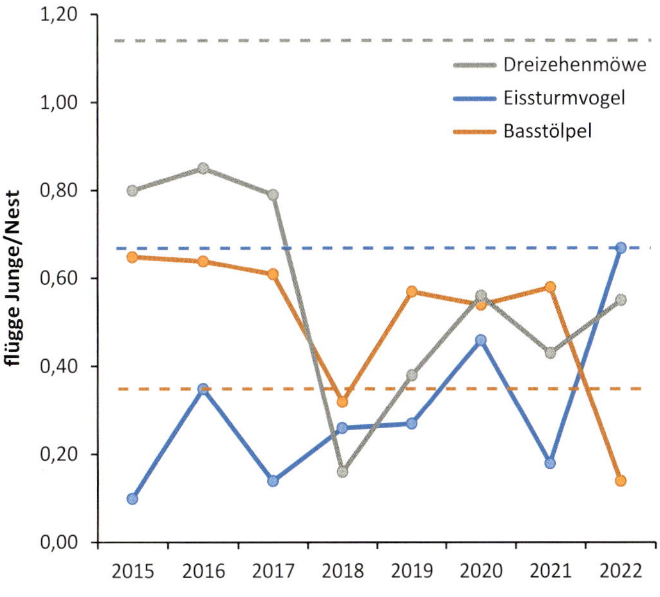

Bruterfolge von drei Seevogelarten auf Helgoland, von 2015 bis 2022. Die gestrichelten Linien zeigen den im OSPAR-Indikator „Reproduktion von See- und Küstenvögeln“ ermittelten Wert für einen Bruterfolg an, mit dem der Bestand stabil bleiben würde (flügge Junge pro offenbar besetztem Nest).

Dreizehenmöwen sitzen auf ihren Nestern und schützen ihre Küken als Schattenspender vor der sommerlichen Hitze.
Foto: AdobeStock/Marlene. Helgoland, 4.6.2017.

Helgoland. Als die Dreizehenmöwe auf der Insel noch zunahm, ergaben Untersuchungen in den Jahren 1976 und 1992 einen viel besseren Bruterfolg, der über dem Wert lag, der Stabilität bedeutet. Der auf Helgoland bis 2022 stark zunehmende Basstölpel hatte meistens deutlich mehr Nachwuchs als es für einen stabilen Bestand notwendig gewesen wäre.

In den Ergebnissen einiger Einzeljahre spiegeln sich einschneidende Ereignisse auf Helgoland wider. Im Jahr 2018 war der Bruterfolg bei Basstölpel und Dreizehenmöwe sehr niedrig, was auf eine von Mai bis Juli herrschende Hitzewelle zurückzuführen ist, die viele Brutpaare beider Arten zur frühzeitigen Aufgabe ihrer Bruten veranlasste. Im Sommer 2022 wurden die Basstölpel von der Vogelgrippe heimgesucht, die zum Tod zahlreicher Alt- und Jungvögel führte und einen besonders niedrigen Bruterfolg zur Folge hatte. Bei Basstölpeln wird der Bruterfolg in jedem Jahr um bis zu 10 % dadurch verringert, dass sich einige adulte Brutvögel, vor allem aber die Nestlinge in als Nistmaterial verwendeten Plastikschnüren verstricken und qualvoll verenden. Warum der Bruterfolg bei Dreizehenmöwen und Eissturmvögeln zuletzt so niedrig war, ist ungeklärt; möglicherweise besteht ein Zusammenhang mit der Verfügbarkeit und Erreichbarkeit von Beutetieren.

Bruterfolg als Indikator für den Zustand der Nordsee

Für die bisher genannten, aber auch für weitere Arten werden nordseeweit in vielen Brutkolonien Jahr für Jahr die Bruterfolge ermittelt. Jüngst wurden diese Ergebnisse für den OSPAR Quality Status Report 2023 im Indikator „Reproduktion von See- und Küstenvögeln“ zusammengeführt und können von den EU-Mitgliedstaaten für die 2024 fällige Berichterstattung zum Zustand der Meere nach Art. 8 der Meeresstrategie-Rahmenrichtlinie (MSRL) verwendet werden.

Für jede Art wurde anhand von Literaturdaten zu jährlicher Überlebensrate, Bruterfolg und Alter bei der ersten Brut ein Populationsmodell erstellt, in das der tatsächlich gemessene Wert für den Bruterfolg (Mittelwert 2015 bis 2020, einschließlich der oben genannten Daten von Helgoland) eingesetzt wurde. Das sich daraus ergebende Populationswachstum wurde über die Länge von drei Generationen (bei der Dreizehenmöwe beispielsweise 29,5 Jahre) projiziert. Der Zustand einer Art gilt als schlecht, wenn die so prognostizierte Bestandsentwicklung eine Abnahme von mehr als 30 % im Verlauf von drei Generationen beträgt. Dies ist ein Kriterium der Weltnaturschutzorganisation IUCN (International Union for Conservation of Nature) zur Einstufung einer Art als „gefährdet“ auf Roten Listen.

Gemessen an diesem Indikator lassen die Bruterfolge vieler Seevogelarten in der Nordsee Schlimmes befürchten. Bei sieben Arten ist eine so starke Bestandsabnahme zu erwarten, dass auf sie das IUCN-Kriterium für die Kategorie „vom Aussterben bedroht“ (Abnahme um mehr als 80 % in drei Generationen) zutrifft, darunter an der Küste die lange als „Allerweltsarten“ betrachteten Austernfischer, Silbermöwen und Lachmöwen. Weitere sechs Arten sind „stark gefährdet“, zudem gilt der Papageitaucher als „gefährdet“. Immerhin sind die Bruterfolge von neun Arten weniger besorgniserregend. Zu beachten ist aber, dass diese Ergebnisse weder die dramatischen Auswirkungen der Vogelgrippe auf einige Seevogelarten ab 2022 noch die zu erwartenden Lebensraumverluste durch die Industrialisierung der Nordsee (vor allem durch den Ausbau der Windenergie) berücksichtigen.

Konsequenzen für den Artenschutz

Die Gründe für schlechte Bruterfolge und folglich für die Abnahme von Beständen

Prognose der Bestandsentwicklung über drei Generationen für See- und Küstenvogelarten in der erweiterten Nordsee (vom Ärmelkanal bis zu den Shetlandinseln und dem Kattegat) aufgrund des beobachteten Bruterfolgs 2015 bis 2020.

Prognose der Bestandsentwicklung	See- und Küstenvogelarten
Abnahme >80 % (IUCN-Kriterium für „vom Aussterben bedroht“)	Austernfischer, Schmarotzerraubmöwe, Lachmöwe, Sturmmöwe, Silbermöwe, Flussseeschwalbe, Küstenseeschwalbe
Abnahme >50 % (IUCN-Kriterium für „stark gefährdet“)	Eissturmvogel, Säbelschnäbler, Skua, Dreizehenmöwe, Mantelmöwe, Heringsmöwe
Abnahme >30 % (IUCN-Kriterium für „gefährdet“)	Papageitaucher
Abnahme <30 % oder Zunahme (IUCN-Kriterium für „ungefährdet“)	Basstölpel, Kormoran, Krähenscharbe, Löffler, Rosenseeschwalbe, Zwergseeschwalbe, Brandseeschwalbe, Tordalk, Trottellumme

sind vielfältig. Besonders starke Auswirkungen haben Eingriffe in das marine Ökosystem durch die Fischerei (Reduzierung des Nahrungsangebots, Individuenverluste durch Beifang, sprich ertrunkene Vögel in Stellnetzen und an Langleinen), aber auch die Ausbreitung invasiver (meist nicht heimischer) Prädatoren sowie Störungen in den Brutgebieten (zum Beispiel durch Tourismus). Über allem steht jedoch der Einfluss des Klimawandels. Hilfsmaßnahmen zur Erhaltung der Seevogelbestände müssen dort ansetzen, wo menschliches Handeln direkte Folgen hat. Dazu gehört eine nachhaltig betriebene Fischerei, insbesondere eine Vermeidung des Beifangs von Seevögeln, aber auch eine marine Raumordnung, die die Interessen des Naturschutzes berücksichtigt, vor allem im Hinblick auf eine sensible Platzierung von Offshore-Windparks. In und um die Brutkolonien ist sicherzustellen, dass diese nicht nur weitgehend ungestört bleiben, sondern auch, dass Prädatoren ferngehalten bzw. eliminiert werden. Nur durch ein Bündel von Maßnahmen kann es gelingen, Seevögel als Teil der Meeresumwelt zu erhalten. Ein Schritt in diese Richtung ist der OSPAR Regional Action Plan for Marine Birds, der zurzeit erarbeitet wird.

Volker Dierschke

Literatur zum Thema

Dias M P, Martin R, Pearmain E J, Burfield I J, Small C, Phillips R A, Yates O, Lascelles B, Borborogly P B, Croxall J P 2019: Threats to seabirds: A global assessment. Biol. Conserv. 237: 525-537.

Dierschke J, Dierschke V, Mercker M 2023: Brutbestandsentwicklung von See- und Küstenvögeln auf Helgoland. Vogelwelt 141: 3-22.

Dierschke V 2022: Bruterfolg von Eissturmvogel, Basstölpel und Dreizehenmöwe im Jahr 2022 auf Helgoland. www.ftz.uni-kiel.de/de/forschungsabteilungen/ecolab-oekologie-mariner-tiere/laufende-projekte/montrack/berichte/bruterfolg_helgoland_2022

Frederiksen M, Dierschke V, Marra S, Parsons M, French G, Fusi M 2022: Marine Bird Breeding Productivity. In: OSPAR (2023): The 2023 Quality Status Report for the Northeast Atlantic. OSPAR Commission, London. https://oap.ospar.org/en/ospar-assessments/quality-status-reports/qsr-2023/indicator-assessments/marine-bird-breeding-productivity

Walsh P M, Halley D J, Harris M P, del Nevo A, Sim I M W, Tasker M L 1995: Seabird monitoring handbook for Britain and Ireland. JNCC / RSPB / ITE / Seabird Group, Peterborough.

Dr. Volker Dierschke ist freiberuflicher Biologe und bearbeitet vor allem ornithologische Themen im Meeresnaturschutz. Seit 2015 leitet er die gemeinsame Seevogel-Expertengruppe des Internationalen Rates für Meeresforschung (ICES) und der Meeresschutzabkommen OSPAR und HELCOM.

Während der Brutzeit verteidigt sich der Eissturmvogel gegen Prädatoren und Nesträuber, indem er diese mit einem klebrigen und geruchsintensiven Magenöl bespuckt. Foto: AdobeStock/AGAMI.

Basstölpel sind typische Hochseevögel. Sie kommen nur zum Brüten an Land, ernähren sich von Fischen und erbeuten ihre Nahrung durch Sturztauchen.
Foto: K. Borkenhagen. Nordsee, 24.5.2019.

ERFASSUNGEN VON SEEVÖGELN AUF SEE:

Das deutsche Seabirds-at-Sea-Programm

Die Erfassung von Vogelbeständen an Land hat eine lange Tradition und ist vielen Menschen vertraut. Unter erheblichem Einsatz ehrenamtlicher Vogelzählerinnen und Vogelzähler wurden und werden Daten über Verbreitung, Bestände und Bestandsveränderungen zusammengetragen. Über die Verbreitung und Ökologie von Seevögeln auf See war hingegen aufgrund der Größe und Unzugänglichkeit der Meere lange Zeit wenig bekannt. Als Seevögel werden alle Vogelarten zusammengefasst, die einen großen Teil ihres Lebenszyklus abseits der Küsten auf dem offenen Meer verbringen. Anders als die meisten anderen Vogelarten passieren sie das Meer nicht nur auf dem Zug, sondern sie nutzen es zum Beispiel für die Nahrungssuche, zur Aufzucht der Jungen, für die Rast oder die Mauser. Abseits der Brutzeit stellt die Erfassung der Verbreitung und Bestände von Seevögeln Ornithologinnen und Ornithologen vor besondere methodische und logistische Herausforderungen.

Erste systematische Studien zur Verbreitung von Seevögeln auf See wurden in den 1920er-Jahren im Nordatlantik durchgeführt. Mit der Zeit kam es zu einer Weiterentwicklung und Standardisierung der Erfassungsmethoden.

Warum sind Informationen über Seevögel auf See wichtig?

Die deutschen Gewässer der Nord- und Ostsee sind heutzutage keineswegs mehr unberührte Wildnisgebiete. Durch vielfältige Nutzungen wie Fischerei, Energiegewinnung, Schifffahrt und Rohstoffabbau stehen die marinen Ökosysteme unter starkem Druck. Lebensräume werden verändert, und das Verhalten vieler Arten wird (zum Beispiel durch Störungen) beeinflusst. Um die Auswirkungen menschlicher Aktivitäten so gering wie möglich zu halten, sind detaillierte Informationen zur Verbreitung, zu Beständen, zu Bestandsentwicklungen, zur Ökologie und zum Verhalten von Seevögeln (und anderer Arten) von entscheidender Bedeutung. Auf dieser Grundlage wurden Schutzgebiete ausgewiesen und Empfehlungen für das Management dieser Gebiete erarbeitet. Aber auch außerhalb der Schutzgebiete spielen diese Daten eine äußerst wichtige Rolle. Sie können zu einer umweltverträglichen marinen Raumordnung beitragen, die Nutzungskonflikte vorsorgend minimieren soll, indem sie miteinander in Konflikt stehende Nutzungen koordiniert und Freiräume bewahrt. Darüber hinaus ermöglichen sie die naturschutzfachliche Bewertung geplanter Eingriffe, wie zum Beispiel der Errichtung von Offshorewindparks, und dienen der Erfüllung von Berichtspflichten gegenüber der Europäischen Union, die sich zum Beispiel aus der Vogelschutzrichtlinie oder der Meeresstrategie-Rahmenrichtlinie ergeben. Sie fließen in die Bewertung des Umweltzustandes im Rahmen der regionalen Meeresschutzübereinkommen OSPAR (Oslo-Paris-Konvention zum Schutz des Nordostatlantiks) und HELCOM (Baltic Marine Environment Protection Commission) ein. Diese Bewertungen basieren auf einer Reihe von Indikatoren, die bestimmte Aspekte, wie zum Beispiel den Bruterfolg oder die Winterbestände von See- und Wasservögeln, beschreiben und anhand derer Veränderungen und Probleme des marinen Ökosystems erkannt werden können. Somit erfolgt auf unterschiedlichen Ebenen eine Einbindung der gewonnenen Erkenntnisse in die oben dargestellten administrativen und politischen Prozesse von gesamtgesellschaftlicher Tragweite.

Die Erfassung von Seevögeln in Deutschland

Nachdem es schon zuvor einzelne Projekte gegeben hatte, in denen vor allem entlang der deutschen Ostseeküste Vögel auf dem Meer gezählt wurden, bauten Anfang der 1990er-Jahre Prof. Dr. Stefan Garthe von der Universität Kiel und Dr. Ommo Hüppop vom Institut für Vogelforschung in Wilhelmshaven das deutsche Programm zur Erfassung von Seevögeln auf. Die Zählungen begannen zunächst in der Nordsee von Schiffen aus. Ab dem Jahr 2000 wurden die Surveys auch auf die Ostsee ausgedehnt und zusätzlich von tieffliegenden Flugzeugen aus durchgeführt. Damit einher ging eine Professionalisierung des Seevogelmonitorings. Während die Arbeiten zunächst im universitären Umfeld und mithilfe freiwilliger Helferinnen und Helfer durchgeführt wurden, traten zunehmend Behörden als Geldgeber auf den Plan (zum Beispiel das Bundesamt für Naturschutz (BfN) oder das Land Schleswig-Holstein). Seit 2008 wird das Seevogelmonitoring flächendeckend umgesetzt. Dabei war zunächst das Forschungs- und Technologiezentrum Westküste der Universität Kiel (FTZ) der Projektnehmer, seit dem Sommer 2021 wird das Seevogelmonitoring vom Dachverband Deutscher Avifaunisten e.V. (DDA) durchgeführt. Eine methodische Erweiterung des Seevogelmonitorings erfolgte 2013, als im Rahmen mehrerer Projekte digitale Seevogelerfassungen erprobt und durchgeführt wurden. Seit 2018 sind die digitalen Erfassungen fester Bestandteil des Seevogelmonitorings.

Im Seevogelmonitoring kommen in den letzten Jahren verstärkt Digitalsurveys zum Einsatz. Die Kameras sind in einer Luke im Rumpf des Flugzeugs angebracht. Foto: N. Guse. Nordsee, 16.7.2014.

Seabirds-At-Sea (SAS) – methodische Standards sie alle zu zählen

Um die Möglichkeiten für eine internationale Zusammenarbeit und die Vergleichbarkeit der Ergebnisse zu gewährleisten, erfolgte ab den 1980er-Jahren eine zunehmende Standardisierung der Erfassungsmethoden. Derzeit werden im deutschen Seevogelmonitoringprogramm drei sich gegenseitig ergänzende Erfassungsmethoden eingesetzt:

- Surveys von Schiffen aus
- observerbasierte Flugsurveys
- digitale Flugsurveys

Die Zahl der Offshorewindparks in Deutschland hat in den letzten Jahren stark zugenommen und soll nach den Plänen der Bundesregierung auch in Zukunft weiter steigen. Dadurch wird sich der Lebensraum auf dem offenen Meer drastisch verändern. Foto: K. Borkenhagen. Nördl. von Helgoland, 15.7.2016.

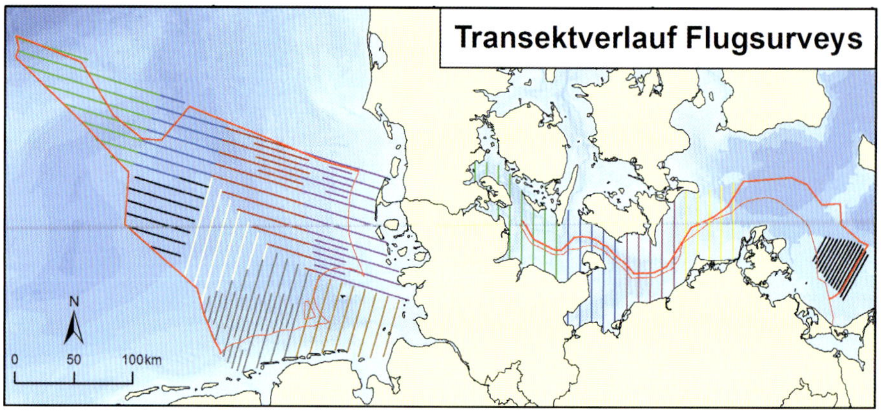

Transektverlauf der observerbasierten und digitalen Flugsurveys. Die unterschiedlichen Abschnitte sind in verschiedenen Farben dargestellt. Jeder Abschnitt ist so geplant, dass er an einem Tag abgedeckt werden kann.

Bei schiffsgestützten Surveys werden von ein bis drei Beobachtern alle fliegenden und schwimmenden Vögel minutengenau erfasst, die sich in einem 300 m breiten Transekt parallel zur Kiellinie des Schiffes befinden. Gleichzeitig werden die Beobachtungsbedingungen (Sicht, Seegangsstärke, Niederschlag, Eis) erhoben. Die Suche nach den Vögeln erfolgt mit dem bloßen Auge. Mit dem Fernglas werden Art-, Alters-, Geschlechtsbestimmung und Verhaltensbeobachtungen durchgeführt.

Bei observerbasierten Flugsurveys wird das Untersuchungsgebiet auf festgelegten Routen mit einem zweimotorigen Flugzeug (zum Beispiel Partenavia/Vulcanair P.68) beflogen. Die Zählungen finden in einer Flughöhe von 250 Fuß (ca. 76 m) bei einer Geschwindigkeit von 90 bis 100 Knoten (ca. 180 km/h) statt. Zwei Beobachter sitzen an nach außen gewölbten Fensterscheiben (bubble windows), die eine gute Sicht auch nach unten ermöglichen und zählen die Tiere aus der Luft. Die Seevögel werden auf beiden Seiten in einem jeweils 388 m breiten Streifen erfasst. Alle Vogelbeobachtungen werden mit Angaben zu Art, Anzahl, Verhalten und gegebenenfalls Alter oder Geschlecht auf ein Diktiergerät gesprochen. Durch den fortschreitenden Ausbau der Offshorewindparks sind observerbasierte Flugsurveys in einigen Teilen der deutschen Meeresgebiete aufgrund der Kollisionsgefahr jedoch nicht mehr durchführbar.

Da digitale Flugsurveys in deutlich größeren Flughöhen stattfinden, sind sie sicherheitstechnisch unbedenklich. Auf dem Markt stehen unterschiedliche digitale Erfassungsmethoden zur Verfügung, die teilweise auf digitalen Videos und teilweise auf digitalen Standbildern beruhen. Diese Methoden unterscheiden sich unter anderem in der Breite des abgedeckten Streifens, in der Flughöhe und in der Bodenauflösung. Das Bildmaterial wird während des Fluges gespeichert und später an speziellen Bildschirmarbeitsplätzen gesichtet und von Expertinnen und Experten bestimmt. Neben dem Sicherheitsaspekt ist die Archivierbarkeit der Rohdaten ein weiterer Vorteil. Außerdem bedingt die größere Flughöhe eine geringere Scheuchwirkung und damit weniger Störung der Seevögel. Digitale Erfassungen können im Vergleich zu Observerflügen bei höheren Windstärken durchgeführt werden, sind aber durch Wolkenhöhe und Niederschlag stärker eingeschränkt als diese. In Gebieten mit großen Konzentrationen von Seevögeln stellen die korrekte Erfassung von Zahlen und die Artbestimmung eine große Herausforderung dar. Hier bieten die digitalen Methoden den Vorteil, dass zur Bildanalyse die erforderliche Zeit zur Verfügung steht. Der Bestimmung ähnlicher Arten sind durch die Auflösung des Bildmaterials allerdings Grenzen gesetzt.

Den genannten Methoden ist gemeinsam, dass allen erfassten Vögeln genaue Positionen zugeordnet werden können. Die Verteilung und Häufigkeit der Vögel lässt sich anschließend aus der Zahl der Individuen pro Fläche berechnen. Dies bildet die Basis für alle weiteren Auswertungen, die zumeist auf Vogeldichten (Individuen pro km²) beruhen. Zentrale Aspekte sind dabei Verteilungsmuster, Bestandsgrößen und Trends. Unter Einbeziehung von biotischen und abiotischen Parametern des Habitats (zum Beispiel Vorkommen von Fischen oder Meeressäugetieren, Wassertiefe, Entfernung zum Land) sowie der Art und Stärke menschlicher Einflüsse (zum Beispiel Fischerei, Schiffsverkehr, Offshorewindenergie) sind tiefergehende Analysen zur Ökologie und zu Gefährdungen der Tiere möglich, aus denen naturschutzfachliche Bewertungen abgeleitet werden können.

Beispielhaft stellen wir nun einige Ergebnisse unserer Arbeit und ihre wissenschaftliche und gesellschaftliche Relevanz vor. Alle Ergebnisse beruhen auf Daten von observerbasierten schiffs- und fluggestützten Erfassungen.

Einfache, rasterbasierte Dichtekarte

Für diese Art der Darstellung wird ein Gebiet in Rasterzellen aufgeteilt, dann wird aus dem Surveyaufwand, also wieviel Fläche kartiert worden ist, und der Zahl der beobachteten Vögel für jede Rasterzelle eine Vogeldichte (Individuen/km²) ermittelt. Dies gibt Aufschluss über die räumliche Verteilung von Seevögeln auf See. So können unter anderem Vorkommens-

Seltenheiten

Immer wieder kommt es bei den Surveys zu besonderen Sichtungen. So wurden in den letzten Jahren die ersten drei Nachweise der Höckersamtente in Deutschland erbracht. Auch Scheckenten wurden bereits nachgewiesen. Fast jedes Jahr werden in der Ostsee Eistaucher und Gelbschnabeltaucher entdeckt; in der Nordsee kann man regelmäßig Atlantiksturmtaucher, Wellenläufer, Papageitaucher, Skuas und Schmarotzerraubmöwen beobachten. Mit Glück gibt es hier auch Sichtungen von Zwergwalen, Weißschnauzendelfinen, Mondfischen und Riesenhaien.

Ein Mondfisch sonnt sich an der Wasseroberfläche. Foto: K. Borkenhagen. Nordwestl. v. Helgoland, 18.6.2019.

Samtenten trifft man in Deutschland überwiegend in der Ostsee an. Hier überwintern sie und bauen Energiereserven für die nächste Brutzeit auf.

Foto: M. Grimm. Ostsee, 29.3.2014.

schwerpunkte identifiziert und Vergleiche zwischen unterschiedlichen Zeiträumen, unterschiedlichen Gebieten oder unterschiedlichen Arten angestellt werden. Die Vorkommen von Samtenten und Ohrentauchern waren wichtige Argumente für die Ausweisung des EU-Vogelschutzgebietes „Pommersche Bucht".

Modellbasierte Verbreitungskarten und Trends

Deutlich aufwendiger ist die Erstellung modellbasierter Verbreitungskarten. Komplexe statistische Modelle ermöglichen die optimale Nutzung der vorhandenen Daten aus den unterschiedlichen Erfassungsmethoden und die Extrapolation auch in Gebiete mit geringer oder fehlender Surveyabdeckung. Auf diese Weise lässt sich die Verteilung flächenhaft beschreiben. Die verwendeten Modelle ermöglichen darüber hinaus die möglichst genaue Berechnung von Beständen und erlauben Aussagen über die zeitliche Entwicklung von Populationsgrößen (Trends). So ist zum Beispiel für die Dreizehenmöwe im artspezifischen Herbst (der Zeit des Wegzugs aus den Brutgebieten; 01.08. bis 31.10.) von 1990 bis 2016 eine deutliche Abnahme erkennbar, die in der Größenordnung von 8 % pro Jahr liegt. Über den

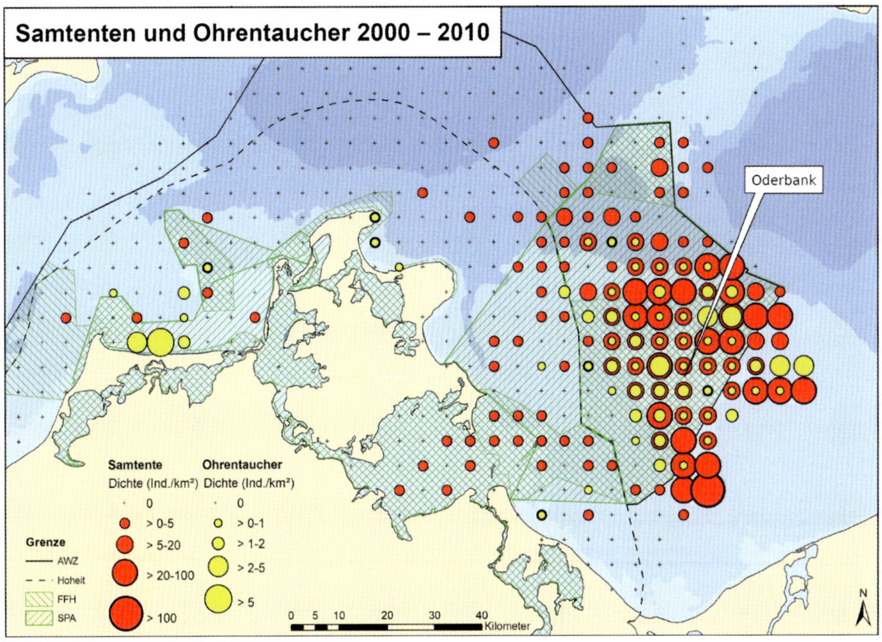

Verteilung von Samtenten und Ohrentauchern in der östlichen deutschen Ostsee im Winter in den Jahren 2000 bis 2010 auf der Basis eines 5 x 5 km großen Rasters. Deutlich sind die bedeutenden Vorkommen auf dem küstenfernen Flachgrund der Oderbank erkennbar.

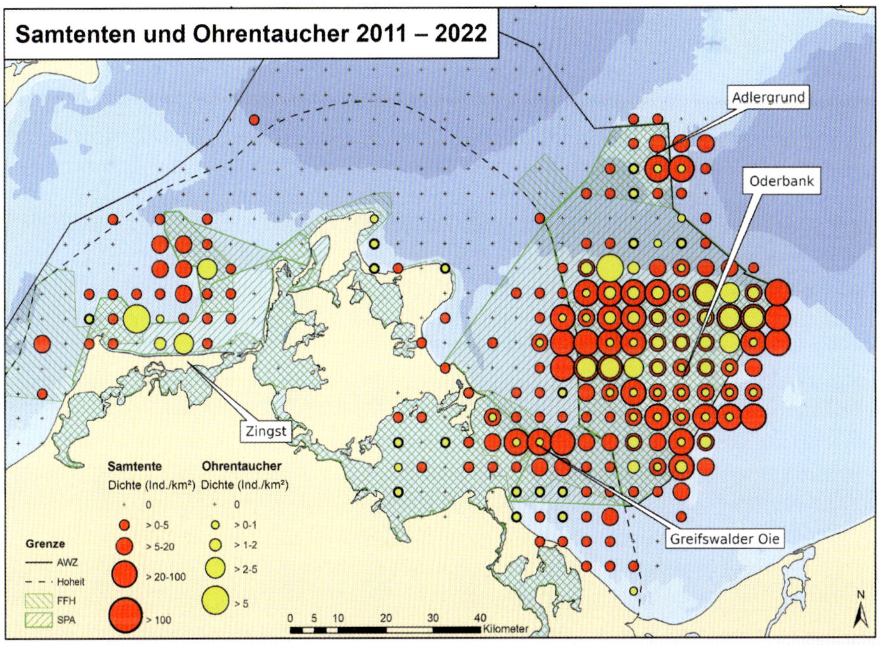

Verteilung von Samtenten und Ohrentauchern in der östlichen deutschen Ostsee im Winter in den Jahren 2011 bis 2022 auf der Basis eines 5 x 5 km großen Rasters. Gegenüber dem vorherigen Zeitraum hat sich das Auftreten der Samtente nach Westen und Nordwesten erweitert. Das Gebiet nördlich von Darß und Zingst, der Adlergrund und der Bereich um die Greifswalder Oie haben an Bedeutung gewonnen, während die Dichten auf der südlichen und zentralen Oderbank leicht rückläufig sind. Die Dichte der Ohrentaucher hat anscheinend leicht zugenommen, hier ist aber keine Verlagerung des Vorkommensschwerpunktes sichtbar.

Ohrentaucher überwintern in der Ostsee und halten sich dabei oft küstenfern auf. Die größten Ansammlungen beobachtet man im Bereich der Oderbank.

Foto: K. Borkenhagen. Büsum, 5.2.2023.

Ein Surveyflug über der Nordsee

Als der Wecker klingelt, gilt der erste Blick dem Fenster: Nebel oder klare Sicht? Schon viele Flüge mussten in letzter Minute verschoben oder abgesagt werden. Aber heute sieht das Wetter gut aus. Beim Frühstück sollte man auf größere Mengen von Tee oder Kaffee verzichten, denn das Flugzeug hat keine Bordtoilette. Die Vorfreude und Aufregung sorgt aber dafür, dass man trotzdem schnell wach ist. Ein weiteres Mal wird die Ausrüstung überprüft. Sind alle Rettungswesten da, wurden die Batterien in den Diktier- und GPS-Geräten erneuert? Dann geht es zum Flugplatz von Büsum. Wir sehen den Piloten mit seiner Vulcanair P.68 landen. Dies ist der Zeitpunkt für einen letzten Gang zur Toilette, danach ziehen wir die Überlebensanzüge und Rettungswesten an. Die P.68 ist ein zweimotoriges Flugzeug, das auch nach Ausfall eines Motors noch sicher fliegen kann. Besonders fernab der Küste ist diese Eigenschaft wichtig und kann lebensrettend sein. Die Flügel sind als Schulterdecker ausgelegt, so hat man freie Sicht nach unten. Zusätzlich verbessern die bubble windows, nach außen gewölbte Scheiben, die Übersicht für die Beobachterinnen und Beobachter. Vor dem Start erfolgt die obligatorische Sicherheitseinweisung: Wo ist die Rettungsinsel, wer nimmt die Funkbarke mit, wo und wie erfolgt im Notfall der Ausstieg? Wir schnallen uns an und setzen unsere Headsets auf, dann geht es los. Die Motoren dröhnen, das Flugzeug steigt steil nach oben und umkurvt einige Windenergieanlagen. Wir überfliegen die Küstenlinie und haben einen wunderschönen Blick auf die Priele und Sandbänke des Wattenmeeres. Am Horizont ist die Vogelinsel Trischen zu erkennen. Auf dem Flug zum Transektbeginn bereiten wir die Zählung vor. Die Transektbänder werden mithilfe von Winkelmesser und Klebebandstreifen an den Fenstern markiert, die GPS-Geräte werden angeschaltet, die Diktiergeräte bereitgemacht. Dann geht das Flugzeug in den Tiefflug, die Meeresoberfläche kommt immer näher und in 76 m Flughöhe nähern wir uns mit 180 km/h dem Startpunkt. 3, 2, 1 und los! Die Beobachtungsbedingungen werden auf das Diktiergerät gesprochen: Wellenhöhe, Wassertrübung, Sichtweite, Sonnenstand. Dann die ersten Vögel! Ein Trupp Eiderenten liegt weit verstreut im Beobachtungsbereich. Nun gilt es die Zahl möglichst genau zu erfassen und die Entfernung der Tiere mithilfe der Markierungen am Fenster abzuschätzen. Es bleibt wenig Zeit, denn schon nach wenigen Sekunden ist der Trupp außer Sicht. Bei der kurzen Beobachtungszeit und den Bewegungen des Flugzeuges ist ein Fernglas nicht hilfreich, daher erfolgen alle Beobachtungen mit dem bloßen Auge. Mittlerweile haben wir das Wattenmeer verlassen. Das Wasser ist jetzt grünblau und klar, nicht mehr braun und trübe. Statt Eiderenten und Silbermöwen sehen wir nun Seetaucher, Trottellummen, Dreizehenmöwen und Basstölpel. Hin und wieder sind Schweinswale an der Oberfläche zu beobachten. In weiter Ferne zeichnet sich die Silhouette von Helgoland ab. Immer wieder knackt das Funkgerät und die Flugsicherung gibt Anweisungen für den Flugverkehr durch. Wir fliegen an einem Offshorewindpark vorbei. Da es fast windstill ist, drehen sich die Anlagen nur langsam. Das Flugzeug fliegt ungefähr auf Höhe der Rotornaben, daher können wir uns dem Windpark aus Sicherheitsgründen nicht weiter nähern. Schon ist er vorbeigezogen und die Aufmerksamkeit richtet sich wieder allein auf die Wasseroberfläche. Da, ein Eissturmvogel! Wir sind jetzt weit draußen. Hier gibt es kaum noch Fischkutter, aber bisweilen zieht ein großes Containerschiff seine Spur durchs Wasser. Auf den kurzen Strecken zwischen den Transekten wird nicht gezählt und es besteht die Möglichkeit, kurz etwas zu essen. Aber hier im Westen der deutschen AWZ mag man den Blick nicht vom Fenster nehmen. Es besteht immerhin die Chance, hier Zwergwale, Weißschnauzendelfine, Papageitaucher oder Riesenhaie zu sehen. Dieses Glück haben wir heute leider nicht, aber trotzdem ist ein Flug immer ein beeindruckendes Erlebnis. Nach etwas mehr als fünf Stunden beenden wir die Zählung. Auf dem Rückflug nach Büsum werden die Beobachtungen diskutiert, Müsliriegel werden ausgepackt und endlich kann man etwas trinken, da nun die Landung absehbar ist. Vor uns erscheint das Eidersperrwerk und unter uns liegt jetzt wieder die braune Wassermasse des Wattenmeeres. Ein Krabbenkutter zieht eine Schleppe von Hunderten Möwen hinter sich her. Dann machen sich alle für die Landung bereit. Mit einem kleinen Ruck setzen wir in Büsum auf und nachdem die Maschine geparkt ist, verlassen wir zufrieden und erschöpft das Flugzeug.

Bei observerbasierten Flugsurveys bleibt keine Zeit zum Schreiben, daher werden die Beobachtungen auf ein Diktiergerät gesprochen. Die Klebestreifen am Fenster helfen bei der Aufteilung der Beobachtungen auf die Transektstreifen. Foto: K. Borkenhagen. Östl. dt. Ostsee, 11.2.2012.

Eiderenten gehören zu den häufigsten Seevögeln in Nord- und Ostsee. In den letzten Jahren sind ihre Bestände europaweit stark zurückgegangen. Foto: K. Borkenhagen. Schleimünde, 16.2.2016.

Ein Wintersurveytag auf See

Wir sind auf der Ostsee. Gestern Abend sind wir zu fünft in Saßnitz an Bord gegangen und in der Nacht bereits ins Untersuchungsgebiet gefahren, um bei Morgengrauen direkt auf unserer Startposition zu sein. Nach dem Aufstehen heute Morgen geht der erste Blick nach draußen. Ist die Sicht klar oder liegt eine dicke Nebelwand auf dem Wasser? Was sagt der Wetterbericht für den Tag? Wie stark ist der Wind? Heute sieht alles gut aus und nach einer kurzen Rücksprache mit dem Kapitän geht es erst einmal in die Messe. Jetzt im Januar geht die Sonne erst spät auf, sodass wir Zeit haben, den Tag in Ruhe mit einem deftigen Frühstück zu beginnen. Danach gilt es sich für die Kälte zu wappnen. Zwei Paar dicke Socken, Thermostiefel, Handschuhe, Wintermütze, lange Wollunterwäsche, einige Schichten von T-Shirts und Pullovern sowie ein wind- und wasserdichter Thermoanzug sorgen dafür, dass man den ganzen Tag bei eisigem Wind und Lufttemperaturen um die 0 °C auf dem Peildeck des Schiffes verbringen kann, ohne dabei zum Eisklotz zu erstarren. Ausgestattet mit GPS-Geräten, Stabilisatorferngläsern, Messlinealen und einem Schreibblock stapfen wir an Deck. Vier Personen übernehmen die eigentliche Zählung, während die fünfte Person für das Fotografieren von Meeresenten zuständig ist. Der Survey beginnt, sobald es hell genug ist. Die aufgehende Sonne spendet nur wenig Wärme, sorgt aber für günstige Beobachtungsbedingungen und gute Laune. Heute sollen der Adlergrund und Teile der nördlichen Oderbank gezählt werden. Das Spektrum der beobachteten Vögel gibt auch ohne den Blick auf Echolot oder Seekarte einen Eindruck von der Wassertiefe und der Beschaffenheit des Meeresgrundes, sodass wir direkt sehen, ob wir uns auf dem Adlergrund, der Oderbank oder dem tieferen Graben dazwischen befinden. Eisenten sind auf den Flachgründen deutlich häufiger als in tieferen Bereichen, bei Tordalk und Trottellumme ist dies umgekehrt. Gryllteisten halten sich fast ausschließlich an großen Steinen und Felsblöcken auf, während Trauerenten oft in sandigen Bereichen nach Herz- und Plattmuscheln suchen. Samtenten verteilen sich fast im gesamten Gebiet, stärker als andere Meeresentenarten sind sie auch in tieferen Bereichen anzutreffen. Immer wieder fliegen weit vor dem Schiff Sterntaucher und Prachttaucher auf, da sie sehr störungsempfindlich sind. Neben der Zählung machen wir deshalb auch Fotos, die bei der Artbestimmung helfen. Auch die Meeresenten

Die deutschen Meeresgebiete beherbergen international bedeutsame Bestände von Trottellummen. Neue Untersuchungen zeigen, dass Trottellummen sehr empfindlich auf Offshorewindparks reagieren und diese weiträumig meiden. Dadurch tritt ein erheblicher Lebensraumverlust ein.

Foto: K. Borkenhagen. Helgoland, 23.5.2023.

Ein typischer Arbeitsplatz auf dem Peildeck des Messschiffs „Ludwig Prandtl“. GPS-Geräte und Ferngläser sind für die Erfassungen unverzichtbar.

Foto: N. Jüngling. Ostsee, 26.2.2014.

Ein Lineal hilft beim Schätzen von Entfernungen und bei der Abgrenzung der Transektstreifen.

Foto: N. Jüngling. Ostsee, 26.2.2014.

sind scheu. Im Gegensatz zu den Seetauchern ist die Artbestimmung bei ihnen aber auf große Distanzen einfacher, hier besteht die Herausforderung in der großen Zahl der Individuen und der richtigen Zuordnung auf die Transektbänder A-D. Ein möglichst großer Anteil der Meeresenten wird fotografiert, um später das Alter und das Geschlecht bestimmen und damit Aussagen zu Populationsstruktur und zum Bruterfolg des vorigen Sommers treffen zu können. Endlich ist Mittag! Die Kälte und die viele frische Luft machen hungrig. Die Hälfte von uns muss sich aber noch etwas gedulden da wir in Schichten essen. Eine Surveypause gibt es nicht, da die kurzen Wintertage eine möglichst effiziente Nutzung der verfügbaren Zeit erfordern, denn schon gegen 16.00 Uhr schwindet das Licht und die Zählung endet. Nach einer dringend nötigen Aufwärmpause und einem ausgiebigen Abendbrot gehen wir die Daten des Tages noch einmal durch. Wir prüfen und vervollständigen die Zählbögen und lesen die Daten der GPS-Geräte aus. Zum Schluss bereiten wir das Material für den nächsten Tag vor, fallen dann oft schon gegen 21.00 Uhr erschöpft in unsere Kojen und träumen von den vielen Gryllteisten, die wir heute auf dem Adlergrund gesehen haben. Schäfchen zählen brauchen wir nicht zum Einschlafen, bei uns klingt das so: 2 Eis[enten] in A; 3 Trauer in C, balzend; 25 Eis in D; 4 Samt in B, 2 Gryllteisten fliegend außerhalb, 1 Tordalk aus B, 1 Sterntaucher aus D, …

Heringsmöwen brüten in großer Zahl entlang der Nordseeküste. Auf See kann man sie häufig hinter Fisch- und Krabbenkuttern beobachten, wo sie Schlachtabfälle und aussortierten Beifang nutzen. Foto: K. Borkenhagen. Nordsee, 7.7.2014.

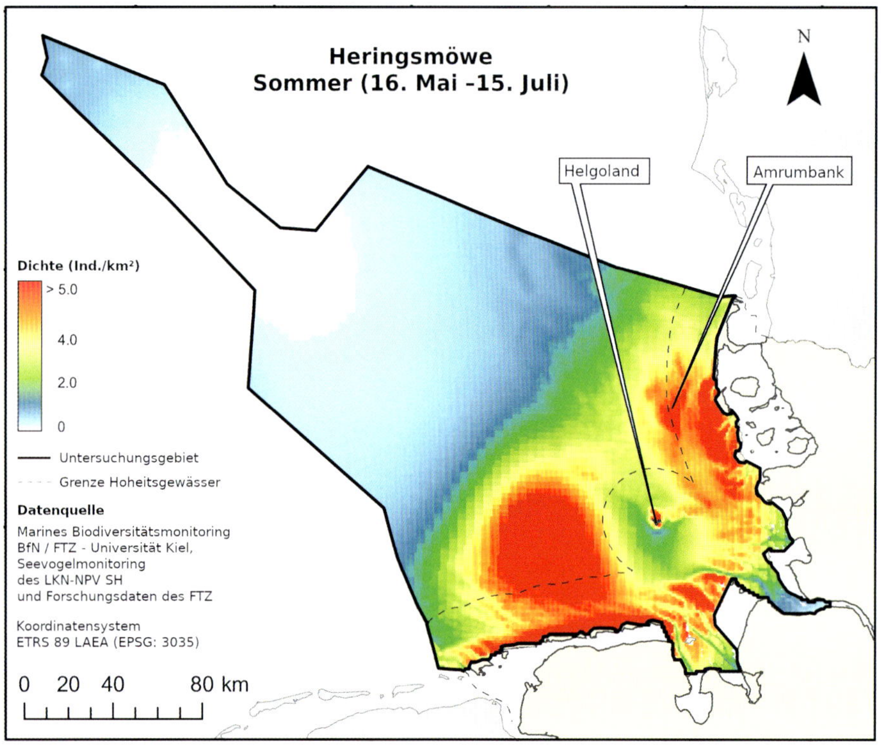

Modelbasierte Karte der Verteilung von Heringsmöwen in der deutschen Nordsee im artspezifischen Sommer (dieser umfasst die Ankunft in der Kolonie, die Brutzeit, die Kükenphase und endet mit dem Herbstzug) für den Zeitraum 2011 bis 2016. Verbreitungsschwerpunkte sind entlang der Küste, besonders in der Nähe großer Brutkolonien (Amrum, Ostfriesische Inseln), zu erkennen. Daneben gibt es südwestlich und westlich von Helgoland und im Bereich der Amrumbank auch küstenfern wichtige Verbreitungsschwerpunkte.

untersuchten Zeitraum von 26 Jahren entspricht dies einer Abnahme um fast 90 %. Damit erlauben diese Modelle weit umfassendere Betrachtungen und leisten einen wichtigen Beitrag zum Verständnis des Erhaltungszustands von Arten. Derzeit arbeiten wir an einer umfassenden Publikation zu Verteilungsmustern, Beständen und Trends von Seevögeln in der deutschen Nordsee.

Betrachtungen zur Gefährdung von Seevögeln

Für naturschutzfachliche Fragen ist es oft notwendig, neben der Verbreitung der Vögel auch andere Einflussfaktoren zu betrachten. Die vielfältigen Zusatzinformationen, die während der Surveys gesammelt werden, bieten in dieser Hinsicht einen deutlichen Mehrwert. Werden solche Daten über einen langen Zeitraum gesammelt, lässt sich oftmals ein generelles Muster ableiten. Betrachtet man zum Beispiel die Verteilungsmuster von Eisenten und Stellnetzen über einen längeren Zeitraum, lassen sich Gebiete identifizieren, in denen die tauchenden Eisenten besonders gefährdet sind. Dies ist ein potenzieller Ansatzpunkt für Schutzmaßnahmen, wie zum Beispiel zeitliche und räumliche Einschränkungen der Stellnetzfischerei.

Auch im Zusammenhang mit dem geplanten, massiven Ausbau der Offshore-Windenergie spielen Daten und Analysen aus dem Seevogelmonitoring eine wichtige Rolle, wie eine kürzlich publizierte Studie zur Auswirkung von Windparks auf Seetaucher eindrucksvoll belegt (Garthe et al. 2023 Scientific Reports 13:4779; https://doi.org/10.1038/s41598-023-31601-z). Seetaucher zeigen ein ausgeprägtes Meideverhalten und werden durch die Windparks aus ihren angestammten Rastgebieten verdrängt. Die Vögel verlieren somit einen Teil ihres Lebensraums, sodass sich in den verbliebenen Gebieten zwangsläufig mehr Tiere einfinden, was möglicherweise mit einer stärkeren innerartlichen Konkurrenz einhergeht.

Informationen wie diese können potenzielle Konflikte und Gefährdungen verdeutlichen und bilden damit eine wichtige

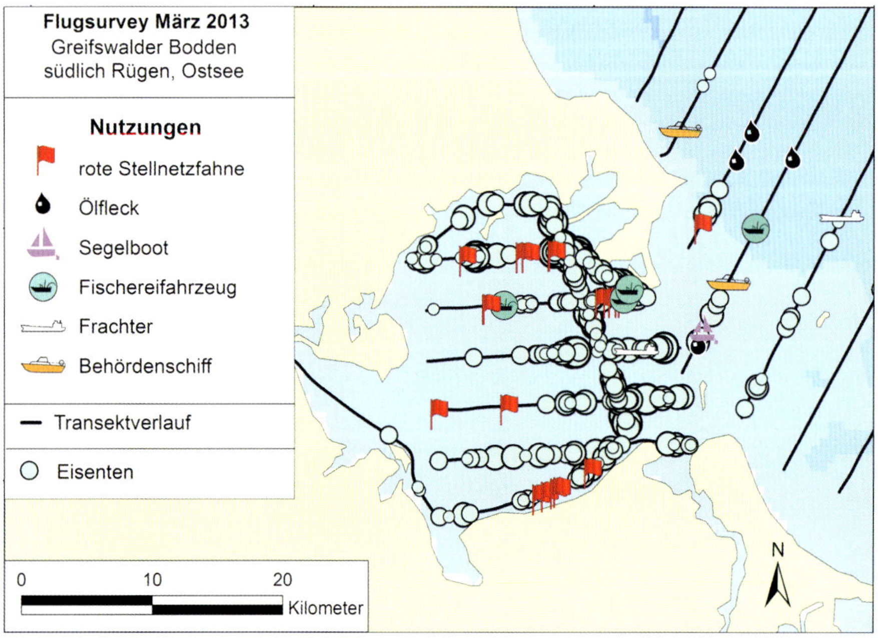

◄ Hier werden der Transektverlauf eines observerbasierten Flugsurveys im März 2013 und die dabei beobachteten Eisenten gezeigt. Zusätzlich werden alle von den Observern beobachteten menschlichen Aktivitäten dargestellt.

Grundlage für objektive Entscheidungen im Management und die Identifikation möglicher Naturschutzmaßnahmen.

Stark vernetzt

Das Seevogelmonitoring-Programm ist kein isoliertes Einzelprojekt, sondern besteht aus vielen kleineren und größeren Einzelprojekten. Im Laufe der Jahre haben sich viele Institutionen an der Finanzierung beteiligt und über 150 Observerinnen und Observer haben an den Surveys teilgenommen. Da sich Seevögel nicht an politische Grenzen halten, arbeiten wir intensiv mit Forscherinnen und Forschern aus dem gesamten Nord- und Ostseeraum zusammen. Nur überregionale Betrachtungen ergeben ein umfassendes Bild und so ist der Austausch in der gemeinsamen Arbeitsgruppe zu Seevögeln von ICES (Internationaler Rat für Meeresforschung bzw. International Council for the Exploration of the Sea), OSPAR und HELCOM ein zentraler Bestandteil unserer Arbeit. Gemeinsam werden Informationen ausgetauscht, Daten analysiert, Ergebnisse diskutiert sowie neue Ideen und Forschungsansätze entwickelt. Bei vielen naturschutzfachlichen Fragen gewinnt der Ökosystemansatz immer mehr an Bedeutung. Dabei werden einzelne Arten nicht isoliert voneinander betrachtet, sondern die Beziehungen der Organismen und deren Funktionen im Ökosystem rücken in den Fokus. Dies erfordert die Zusammenarbeit mit Kolleginnen und Kollegen anderer Fachrichtungen und ermöglicht ein tiefergehendes Verständnis biologischer Prozesse. Das Seevogelmonitoring verspricht also auch in der Zukunft neue Erkenntnisse auf verschiedensten Ebenen.

Kai Borkenhagen, Jana Kotzerka, Leonie Enners, Miriam Lerma, Henriette Schwemmer, Volker Dierschke, Nele Markones

Danksagung: Die Erfassungen von Seevögeln auf See sind nur mit der Hilfe unzähliger kompetenter und motivierter Observerinnen und Observer möglich. Ihnen allen sei hier herzlich gedankt! Viele öffentliche und private Institutionen ermöglichen die Nutzung oder die Mitfahrt auf ihren Schiffen. Für diese Unterstützung bedanken wir uns herzlich. Wir bedanken uns bei Kapitänen, Mannschaften und Mitfahrenden für die gute Zusammenarbeit und die angenehme Zeit an Bord. Ebenfalls vielen Dank an die Pilotinnen und Piloten der Surveyflüge für die angenehme Zusammenarbeit und den sicheren Transport. Moritz Mercker danken wir für die umfassende Unterstützung im Bereich der Statistik. Eugen Faber und Uwe Lange von Brockmann Consult unterstützen uns wesentlich bei den erforderlichen Datenbankarbeiten. Bei der Arbeitsgruppe „Tierökologie, Naturschutz und Wissenschaftskommunikation" des Forschungs- und Technologiezentrums Westküste der Universität Kiel bedanken wir uns für die gute Zusammenarbeit. Wir bedanken uns ganz herzlich beim Bundesamt für Naturschutz für die kompetente Begleitung und langjährige Finanzierung des Seevogelmonitorings. Finanziell gefördert wurden die Erfassungen auch vom Verein der Freunde und Förderer der Vogelwarte Helgoland, der Ornithologischen Arbeitsgemeinschaft für Schleswig-Holstein und Hamburg, dem Bundesumweltministerium, dem Bundesamt für Seeschifffahrt und Hydrographie, dem Landesbetrieb für Küstenschutz, Nationalpark und Meeresschutz Schleswig-Holstein und dem Niedersächsischen Landesamt für Ökologie.

Eisenten haben seit den 1990er-Jahren einen dramatischen Bestandseinbruch erlebt. Klimatische Veränderungen in der Arktis haben zu einem geringen Bruterfolg geführt, in unseren Breiten sind sie von Verölung, Beifang in Stellnetzen, Störungen durch Schiffsverkehr und Lebensraumverlust durch Offshorewindparks bedroht. Foto: S. Pfützke. Norwegen, 8.3.2012.

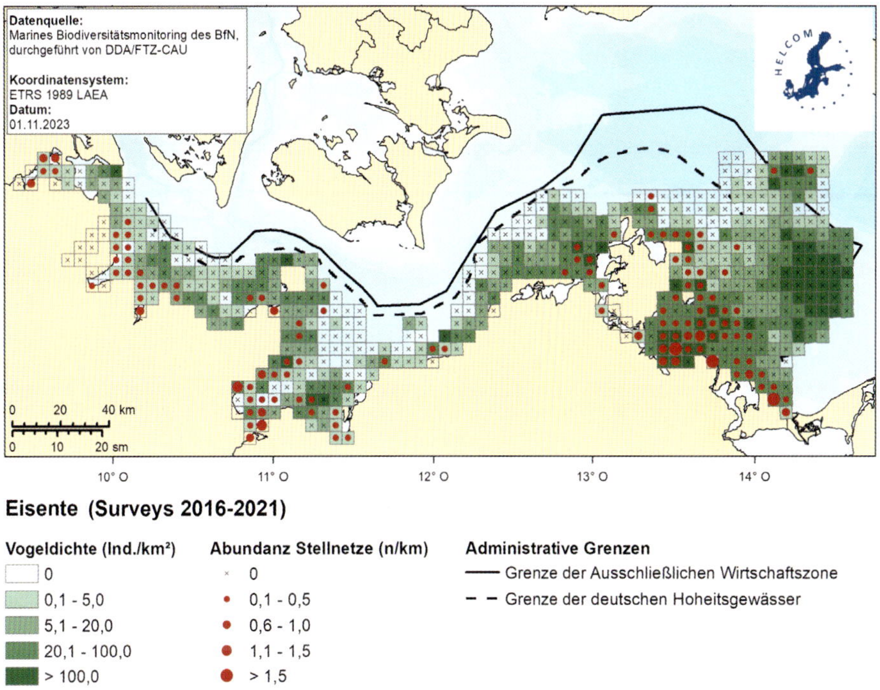

Das Vorkommen von Stellnetzen und Eisenten in der deutschen Ostsee in den Jahren 2016 bis 2021, jeweils für November bis April, basierend auf schiffsgestützten Erfassungen. Besonders im Küstenbereich kommt es zu Überschneidungen von Stellnetzen und Eisenten und damit zu potenziellen Konflikten.

V. l. n. r.: Nele Markones, Jana Kotzerka, Henriette Schwemmer, Volker Dierschke, Miriam Lerma.

Leonie Enners, Kai Borkenhagen

Alle Autoren sind Mitglieder des Seevogelteams des Dachverbands Deutscher Avifaunisten (DDA).

Dr. Kai Borkenhagen ist Biologe und koordiniert seit über 10 Jahren das Seevogelmonitoring in Deutschland und hat an zahlreichen Surveys teilgenommen.

Dr. Jana Kotzerka arbeitet seit 20 Jahren im Bereich der Seevogelökologie. Sie hat an der Universität Kiel zu Nahrungssuchstrategien von Seevögeln im Nordpazifik promoviert und freiberuflich in Deutschland und Dänemark gearbeitet.

Dr. Leonie Enners ist Meeresbiologin. Sie arbeitet in der Nationalparkverwaltung Schleswig-Holsteinisches Wattenmeer sowie zusätzlich freiberuflich für die Seevogel-Monitoringgruppe des DDA.

Dr. Miriam Lerma ist Meeresbiologin und interessiert sich für den Schutz und die Ökologie von Küsten- und Meerestieren. Der Schwerpunkt ihrer Arbeit liegt auf der Analyse räumlicher Muster.

Dipl.-Biol. Henriette Schwemmer ist Meeresbiologin und arbeitet seit 16 Jahren im Themenbereich der Seevogelökologie. Nach vielen verschiedenen Projekten am FTZ ist sie seit 2017 Teil des Seevogelmonitoring-Teams. Freiberuflich arbeitet sie weiterhin auch für das Team am FTZ.

Dr. Volker Dierschke ist freiberuflicher Biologe und leitet seit 2015 die gemeinsame Seevogel-Expertengruppe des Internationalen Rates für Meeresforschung (ICES) und der Meeresschutzabkommen OSPAR und HELCOM.

Dr. Nele Markones wurde von einem Sterntaucher am Bodensee von der (See-)Vogelbeobachtung überzeugt und hat bald darauf ihre erste Seabirds-at-Sea-Fahrt auf der Ostsee durchgeführt. Heute leitet sie das Seevogelteam im DDA.

Kernbereich der Schwarzkopfmöwen auf dem Dach der Firma Fiege in Hamburg-Moorfleet. Foto: S. Garthe. 1.6.2022.

MÖWEN IN DER STADT:

Über den Dächern von Hamburg

Die hohe Dynamik der Möwenbrutbestände in Norddeutschland ist faszinierend. Dies gilt auch für die binnenlands gelegene Hafenstadt Hamburg an der Elbe. Während das Hafengebiet über viele Jahrzehnte sehr geeignete Bruthabitate bot, führte der Prädationsdruck dazu, dass mehr und mehr Möwen auf Flachdächer ausgewichen sind. Eines dieser Flachdächer stellt sowohl für die Möwen als auch für die Möwenforschung eine besondere Attraktion dar. Mit der dortigen Ansiedlung der Schwarzkopfmöwe ist ein avifaunistisches Highlight am Rande der Großstadt entstanden.

Die Brutbestände der Möwen in Norddeutschland haben eine wechselvolle Geschichte hinter sich. An der deutschen Nordseeküste sind überwiegend deutliche Bestandszunahmen zu verzeichnen. Die Silbermöwe hat Mitte der 1980er-Jahre wieder das Bestandsniveau der Zeit vor Beginn des Zweiten Weltkrieges erreicht. Die anderen Arten haben ihre bis dahin sehr niedrigen Bestände stark erhöht: die Lachmöwe seit den 1960er-/1970er-Jahren, Herings- und Sturmmöwe seit den 1980er-/1990er-Jahren. Seit den 1980er-Jahren sind Schwarzkopf- und Mantelmöwen als regelmäßige Brutvögel hinzugekommen. In jüngster Zeit haben sich die großen Veränderungen an der deutschen Nordseeküste weiter fortgesetzt: Die Brutbestände der Silbermöwe haben sich fast halbiert, die Lachmöwenzahlen sind deutlich niedriger als zum Bestandshöhepunkt Ende der 1990er-Jahre und die Zunahmen bei Herings- und Sturmmöwe sind zum Stillstand gekommen. Anders verlief die Entwicklung an der deutschen Ostseeküste, wo Lach- und Sturmmöwen über Jahrzehnte massive Bestandsrückgänge aufwiesen, während die Silbermöwe auch hier zugenommen hat. Inzwischen wachsen die Bestände von Lach- und Sturmmöwe an der Ostsee wieder an und auch Herings- und Mantelmöwe besiedeln in (noch) geringer Zahl die deutsche Ostseeküste.

Viel Platz für brütende Möwen: das bewachsene Dach der Firma Fiege in Hamburg-Moorfleet. Foto: S. Garthe. 15.5.2018.

Möwen in der Hafenstadt Hamburg

Auch in der Stadt Hamburg und ihrer direkten Umgebung sind unterschiedliche Bestandsentwicklungen der Möwen zu beobachten. Die größte Sturmmöwenkolonie im Hamburger Umland befindet sich auf der Pionierinsel bei Lühesand an der niedersächsischen Seite der Unterelbe, wo die Bestände in den 1980er-, 1990er- und 2000er-Jahren stark zugenommen haben. Gleichzeitig gingen die Bestände auf anderen Elbinseln (Pagensand, Schwarztonnensand) sowie in den Mooren stark zurück oder verschwanden ganz. Auch für die Silbermöwe spielt die Pionierinsel eine wichtige Rolle: Bis in die 1990er-Jahre hatte sie hier ihre einzige große, längerfristig besetzte Brutkolonie im Hamburger Raum. Die Brutvorkommen von Herings- und Schwarzkopfmöwen im Hamburger Raum waren bis Mitte der 1990er-Jahre nur unregelmäßig und sehr klein, die der Lachmöwen sind es bis heute. Im Hamburger Hafen selbst gab es in den 1970er-, 1980er- und frühen 1990er-Jahren nur kleinere Ansiedlungen von Sturm- und Silbermöwen auf der Hohen Schaar. Dort gelang erst Ende der 1990er-Jahre die Entdeckung großer Vorkommen brütender Möwen. In den Folgejahren brüteten dort bis zu 4000 Sturmmöwenpaare (2008). Doch schon sehr bald nach diesen historischen Höchstzahlen kam es auf den Industriebrachen im Hamburger Hafen zu regelrechten Bestandseinbrüchen, in erster Linie verursacht durch den gestiegenen Prädationsdruck durch Füchse. Die Möwen wichen immer mehr auf prädationsgeschütztere Bereiche innerhalb der bisherigen Flächen aus (Container, Tanklager, Industrieanlagen), vor allem aber suchten sie zunehmend die vielen ausgedehnten Flachdächer verschiedener Firmen im Hafengebiet auf. Dieser Wechsel von natürlichen oder naturnahen Lebensräumen hin zu Flachdächern ist schon seit Jahrzehnten bei Möwen in Großbritannien dokumentiert. Auch an der Ostseeküste findet man in Städten wie Kiel bereits seit den 1990er-Jahren immer mehr Möwenkolonien auf Dächern im Hafen und in der Stadt.

Eine adulte Sturmmöwe bewacht ihren Dachbrutplatz. Foto: S. Garthe. Hamburg, 11.5.2023.

Die Möwenkolonie auf dem Dach der Firma Fiege in Hamburg

Durch den Prädationsdruck im Hamburger Hafen etablierten sich Anfang der 2010er-Jahre auch in Hamburg rasch vereinzelte Brutvorkommen sowie ganze

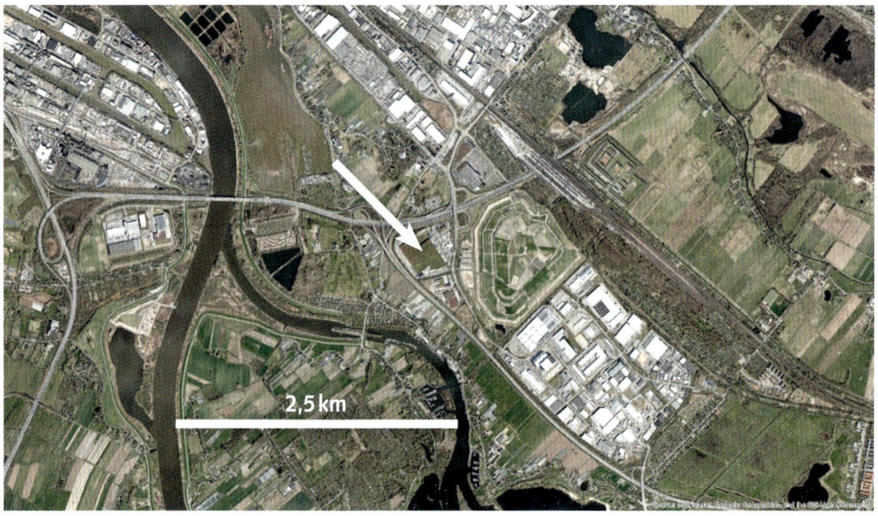

Lage der Möwenkolonie (Sturm-, Silber-, Herings- und Schwarzkopfmöwe) im Südosten Hamburgs zwischen dem Autobahn-Dreieck Hamburg-Südost, der Autobahn-Abfahrt HH-Moorfleet und der Deponie Feldhofe. Kartenquelle: Esri, Maxar, Earthstar Geographics, and the GIS User Community.

Möwenkolonien auf Dächern. Im Rahmen einer Stadterkundung durch Mitglieder des Arbeitskreises an der Vogelschutzwarte Hamburg wurde 2011 bei einem Flug über die Stadt das von Möwen besiedelte Dach der Firma Fiege Logistik Stiftung & Co. KG in Hamburg-Moorfleet als Möwenbrutplatz identifiziert. Kurze Zeit später wurden dann Brutbestandserfassungen und Farbberingungen durchgeführt. Das Dach ist 70 000 m² groß und mit seinem Grünbewuchs einem natürlichen kurzrasigen Möwenbrutplatz durchaus ähnlich.

Im Entdeckungsjahr 2011 brüteten bereits drei Möwenarten auf dem Dach, neben Silber- und Sturmmöwen zur großen Überraschung auch die Schwarzkopfmöwe. Die Heringsmöwe siedelte sich dann 2012 an. Der Sturmmöwenbestand nahm rasch von 553 Paaren 2011 auf 1690 Paare 2015 zu und ging danach wieder leicht zurück. Auf den benachbarten Dächern der Firmen FedEx, Bauhaus und MAN brüten inzwischen ebenfalls einige Hundert Paare Sturmmöwen und Austauschbewegungen sind wahrscheinlich. Silber- und Heringsmöwe haben seit Beginn der Besiedlung im Bestand fast kontinuierlich zugelegt. Für beide Arten sind es die größten Kolonien weit über die Stadt Hamburg hinaus. Der Bestand der Schwarzkopfmöwe schwankt hingegen sehr stark, was für die Art aber typisch ist und sicher auch auf erhebliche Austauschbewegungen mit anderen Kolonien wie der Pionierinsel bei Lühesand und dem Kernkraftwerk Stade zurückzuführen ist. Dem Beringungsteam für Schwarzkopfmöwen im Unterelberaum ist es schon 2011 gelungen, die Umsiedlung farbberingter Schwarzkopfmöwen von der Pionierinsel auf das Dach in Hamburg-Moorfleet nachzuweisen.

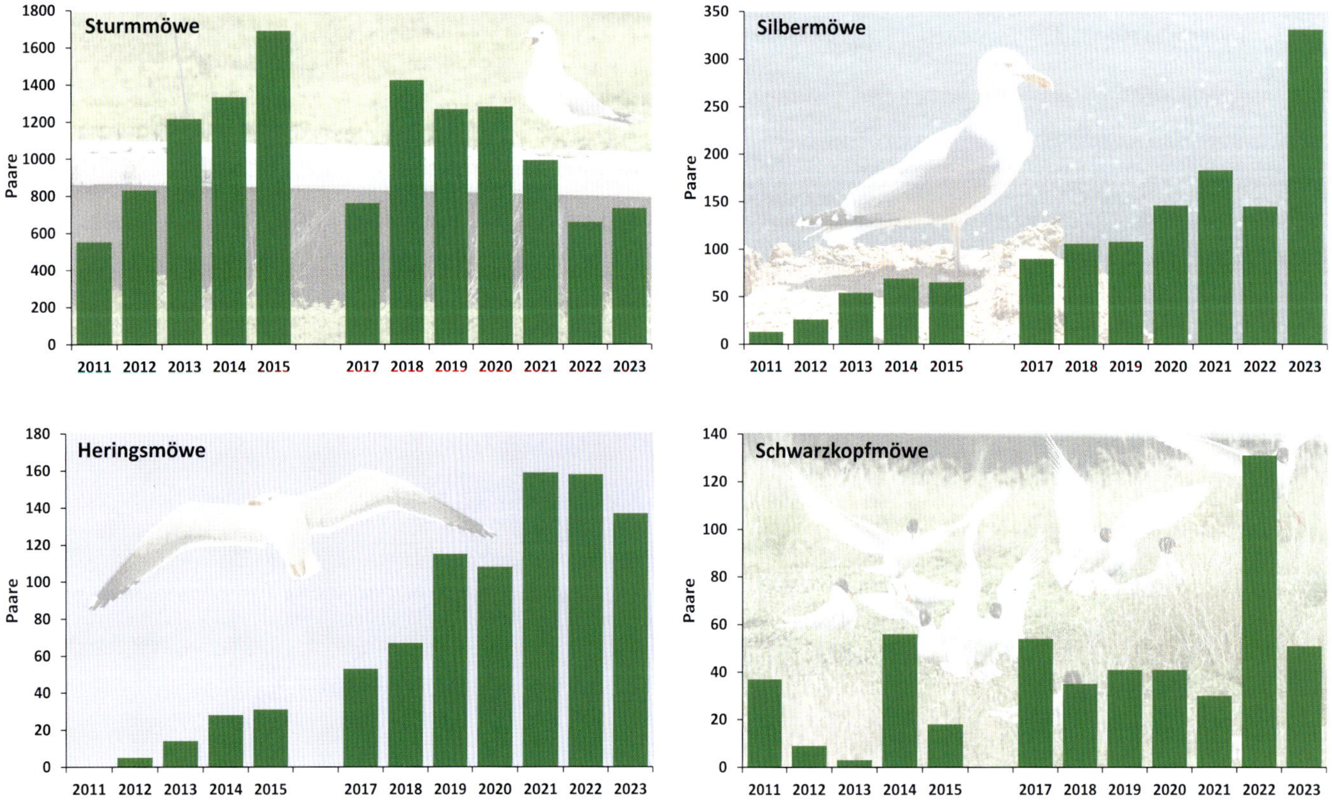

Bestandsentwicklung der vier Möwenarten, die auf dem Dach der Firma Fiege in Hamburg-Moorfleet von 2011 bis 2023 brüteten. Im Jahr 2016 erfolgte keine Zählung. Fotos: S. Garthe.

Forschung an Möwen in Hamburg

Das Forschungs- und Technologiezentrum Westküste (FTZ) der Universität Kiel untersucht seit einigen Jahren im Rahmen umfangreicher Studien die Verbreitung sowie das Nahrungssuch- und Zugverhalten verschiedener Möwenarten in Norddeutschland. Dazu werden Möwen mit GPS-Sendern ausgerüstet und die Daten über das Mobilfunknetz in eine Datenbank übertragen.

In den Jahren 2018 und 2019 wurden Sturmmöwen auf dem Dach der Umweltbehörde in Hamburg-Wilhelmsburg besendert. Im Jahr 2019 konnten wir dann erstmals auch auf dem Dach der Firma Fiege arbeiten und bei dieser Gelegenheit vier adulte Heringsmöwen besendern, in den folgenden Jahren ergänzt um einige weitere Tiere. In der nebenstehenden Karte sind exemplarisch die Nahrungssuchflüge von sechs adulten Heringsmöwen während der Kernphase des Brutgeschäfts dargestellt. Die meisten Flüge sind in Richtung Nordost und Südost ausgerichtet, einige Flüge aber auch Richtung Nordwest. Meist werden Ziele in bis zu 20 km Entfernung angeflogen. Typisch für Heringsmöwen zeigen die Brutvögel in Hamburg-Moorfleet einige besonders weite Nahrungsflüge: bis zu 47 km nach Norden bis fast nach Bad Segeberg und bis zu 53 km nach Osten bis kurz vor Zarrentin.

Eine besonders spannende Art ist ohne Zweifel die Schwarzkopfmöwe. Die weitere Verkleinerung von GPS-Sendern ermöglichte es uns im Jahr 2021 erstmals,

Adulte Heringsmöwe. Foto: S. Garthe. Helgoland, 25.5.2008.

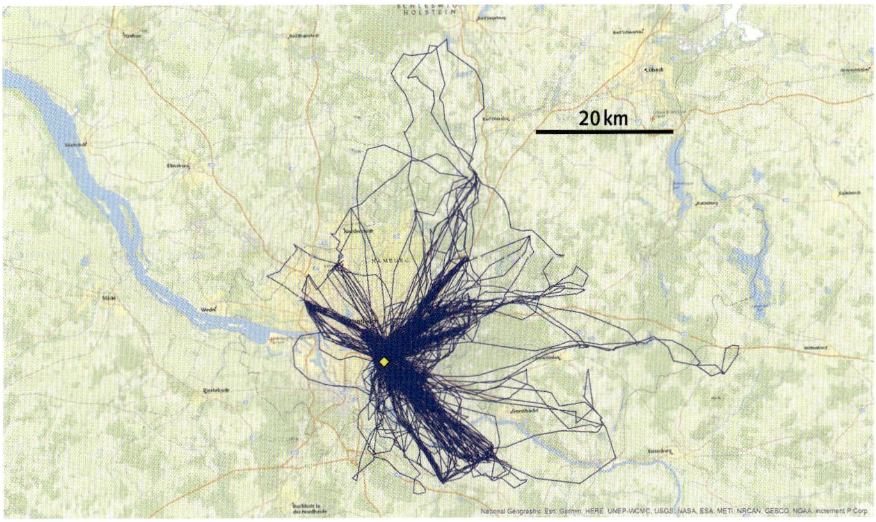

Nahrungsflüge von sechs adulten Heringsmöwen der Brutkolonie in Hamburg-Moorfleet im Zeitraum vom 16. Mai bis 15. Juni 2023. Die blauen Linien zeigen die Nahrungsflüge aller sechs Tiere, die gelbe Raute die Lage der Kolonie.

Kartenquelle: National Geographic, Esri, Garmin, HERE, UNEP-WCMC, USGS, NASA, ESA, METI, NRCAN, GEBCO, NOAA, increment P Corp.

Ein Himmel voller Möwen: Brutvögel des Flachdachs der Firma Fiege. Foto: S. Garthe. 1.6.2022.

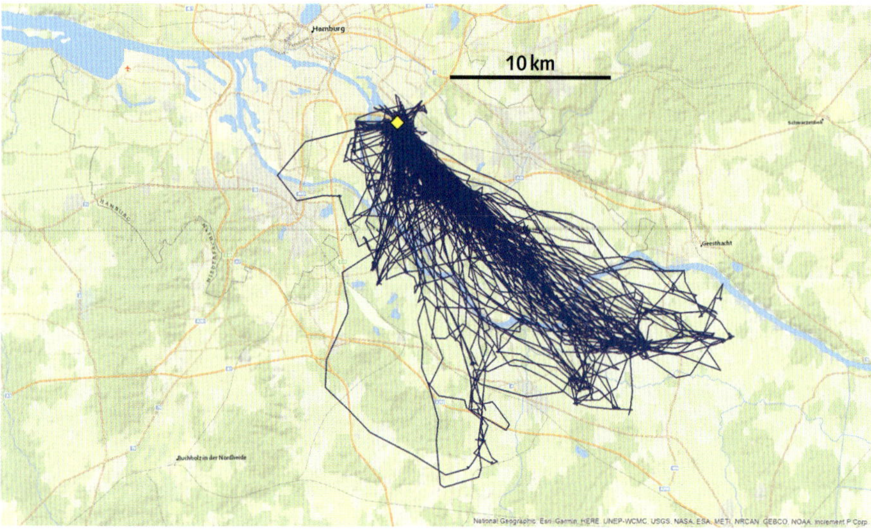

Nahrungsflüge von elf adulten Schwarzkopfmöwen der Brutkolonie in Hamburg-Moorfleet im Zeitraum vom 11. bis 18. Mai 2023. Die blauen Linien zeigen die Nahrungsflüge aller elf Tiere, die gelbe Raute die Lage der Kolonie.

Kartenquelle: National Geographic, Esri, Garmin, HERE, UNEP-WCMC, USGS, NASA, ESA, METI, NRCAN, GEBCO, NOAA, increment P Corp.

diese Möwenart auf dem Dach der Firma Fiege zu untersuchen. Auch im Jahr 2023 konnten wir dort erneut Altvögel besendern. Beispielhaft sind in der oben stehenden Karte die Nahrungssuchflüge von elf Altvögeln im Mai 2023 dargestellt. Die Schwarzkopfmöwen konzentrierten ihre Nahrungssuche auf das Gebiet der Vier- und Marschlande (Hamburg), einige Nahrungsflüge führten aber auch regelmäßig bis in den Bereich zwischen Winsen (Niedersachsen) und Geesthacht (Schleswig-Holstein). Besonders intensiv wurden die Grünland- und Ackerflächen im Reitbrook (Hamburg) aufgesucht.

In den kommenden Jahren werden wir die Bestandsentwicklung der Möwen weiterverfolgen. Dazu sollen auch die anderen Flachdächer im Hafenbereich in regelmäßigen Abständen erfasst werden. Durch die Besenderung konnten wir neue Erkenntnisse über weitere, potenzielle Brutplätze auf Flachdächern gewinnen und werden diese gezielt in unseren zukünftigen Erfassungen mit aufnehmen. Die Besenderungen werden ebenfalls fortgesetzt. Dabei wird außer auf die Nahrungssuchflüge während der Brutzeit auch besonderes Augenmerk auf das Zugverhalten der Tiere gelegt.

Stefan Garthe, Alexander Mitschke

Möwen nutzen gern Nahrung wie Insekten und Kleinsäuger, die durch landwirtschaftliche Aktivitäten zugänglich wird (hier Herings- und Silbermöwen).

Foto: S. Garthe. Nähe Hohenwestedt, 7.5.2023.

Literatur zum Thema

Corman A-M, Mendel B, Voigt C C, Garthe S 2016: Varying foraging patterns in response to competition? A multicolony approach in a generalist seabird. Ecology and Evolution 6: 974-986.

Garthe S Hrsg, 1996: Die Vogelwelt von Hamburg und Umgebung. Band 3. Wachholtz Verlag, Neumünster.

Garthe S, Flore B-O, Hälterlein B, Hüppop O, Kubetzki U, Südbeck P 2000: Die Brutbestandsentwicklung der Möwen (Laridae) an der deutschen Nordseeküste in der zweiten Hälfte des 20. Jahrhunderts. Vogelwelt 121: 1-13.

Garthe S, Kubetzki U 2024: Tracking – Der gläserne Vogel. Erkenntnisse, Berichte und Reportagen aus der Praxis. Aula, Wiebelsheim.

Garthe S, Mitschke A, Krebs B, Rupnow G 2010: Expansion des Möwen-Brutbestandes im Hamburger Hafen zu Beginn des 21. Jahrhunderts. Hamburger avifaunistische Beiträge 37: 117-142.

Garthe S, Schwemmer P, Kubetzki U, Heinze B 2022: Effects of agricultural practices on foraging habitats of a seabird species in the Baltic Sea. Ecology and Evolution 12: e9551.

Herrmann C 2009: Das „Möwenproblem" im 20. Jahrhundert: Eine Darstellung der historischen Entwicklung in Deutschland sowie der Bestandslenkung an der Ostseeküste der DDR. Vogelwelt 130: 25-47.

Kubetzki U, Garthe S 2010: Über den Dächern von Kiel und Westerland: Möwen als Dachbrüter in Schleswig-Holstein. Corax 21: 301-309.

Mitschke A 2012: Atlas der Brutvögel in Hamburg und Umgebung – Kartierungen im Rahmen des bundesweiten Atlasprojektes „ADEBAR" und aktueller Stand der km^2-Kartierung in Hamburg. Hamburger avifaunistische Beiträge 39: 5–228.

Prof. Dr. Stefan Garthe ist geschäftsführender Direktor des Forschungs- und Technologiezentrums Westküste (FTZ) der Universität Kiel. Dort leitet er seit vielen Jahren die Arbeitsgruppe „Tierökologie, Naturschutz und Wissenschaftskommunikation". Er unterrichtet in den Masterstudiengängen Biological Oceanography und Environmental Management. Von 2004–2016 war er Adjunct Professor an der Memorial University St. John's in Neufundland, Kanada, und von 2013–2018 Präsident der Deutschen Ornithologen-Gesellschaft.

Alexander Mitschke arbeitet seit mehr als 30 Jahren als selbständiger ornithologischer Gutachter mit Schwerpunkt im Hamburger Raum und ist Teil der Leitung des ehrenamtlichen Arbeitskreises Vogelschutzwarte Hamburg. Besondere Interessensgebiete sind die Avifauna in der Großstadt, das Auftreten von Wiesenvögeln im Elbtal sowie die Erforschung des Vogelzuggeschehens entlang der Elbe. Außerdem koordiniert er in enger Zusammenarbeit mit dem Dachverband Deutscher Avifaunisten, der Niedersächsischen Ornithologischen Vereinigung und der Ornithologischen Arbeitsgemeinschaft für Schleswig-Holstein und Hamburg seit 20 Jahren das Monitoring häufiger Brutvögel in Hamburg, Niedersachsen und Schleswig-Holstein.

Aufrecht wie Menschen: Eine Gruppe von Brillenpinguinen wandert durch die Kolonie.
Foto: H.-H. Bergmann. Betty's Bay, Südafrika, 18.9.2007.

EXTREME WASSERVÖGEL:

Schauen Sie den Pinguinen zu

Pinguine gehen aufrecht wie Menschen, sie haben ungewöhnlich kurze Beine, statt der Flügel haben sie Flossen und der Körper ist scheinbar mit einem Fell bedeckt, es sieht nicht nach einem Federkleid aus. Da fragt sich mancher, der diesen Tieren im Zoo oder Vogelpark gegenübersteht, ob es sich überhaupt um echte Vögel handelt oder vielleicht doch um heimliche Säugetiere. Aber sie haben immerhin einen Schnabel …

Unter Wasser sind sie zu Hause. Flügeltauchen ist ihre typische Leistung. Das bedeutet: im Wasser mit den ausgestreckten Flügeln Vortrieb erzeugen. Die meisten Wasservögel kommen im Wasser nicht mit den Flügeln, sondern mit den Füßen vorwärts, deren Zehen lappenartig verbreitert oder durch Schwimmhäute miteinander verbunden sind. Bei Pinguinen werden die Füße nur zum Steuern verwendet. Das ist nicht gerade vogeltypisch. Anstelle der Flügel haben sie kurze elegante „Flipper“, flossenartige Organe, die nicht für den Flug in der Luft taugen, aber für höchst effektives Schwimmen. Man kann ruhig sagen: Pinguine sind flugunfähig in der Luft, aber sie fliegen im Wasser. Deswegen wird hier auch von ihren Flügeln gesprochen, nicht von Flossen. Nehmen wir also an, dass sie an das Wasserleben angepasste Vögel sind. Da stellt sich die Frage: Wie mag sich die extreme Spezialisierung des Schwimm- und Tauchvogels auf das alltägliche Verhalten dieser Lebewesen auswirken?

- Verfugen sie über die Verhaltensweisen, die es bei anderen Vögeln auch gibt?
- Haben sie zusätzliches Verhalten entwickelt, das andere Vögel nicht haben?

Flossen statt Flügel und kurze Beine: Ein junger Brillenpinguin zeigt Sichflügeln und Gähnen.

Foto: H.-H. Bergmann. Zoo Münster, 25.8.2021.

Wo kann man sie beobachten?

Wer nicht Zeit und Möglichkeit hat, diese Tiere in der Freiheit an Orten auf der Südhalbkugel der Erde oder in den Tropen zu besuchen – am besten im antarktischen Sommer – kann die Gelgenheit nutzen, dass Pinguine auch hierzulande häufig in zoologischen Gärten und Vogelparks gehalten werden und sie sich dort sogar fortpflanzen. Manche Arten, wie der Galapagos-Pinguin (*Spheniscus mendiculus*), der chilenische Humboldtpinguin (*Spheniscus humboldti*) und der südafrikanische Brillenpinguin (*Spheniscus demersus*), lassen sich auch im milden Klima Westeuropas sehr gut halten und bilden dort funktionierende Kolonien. Um nur einige Beispiele aus eigener Erfahrung zu nennen: Eine große Gruppe von Brillenpinguinen habe ich im Allwetterzoo Münster beobachtet, eine zweite im Zoo von Wuppertal. Humboldtpinguine konnte ich beispielsweise im Naturzoo Rheine und im Tierpark Sababurg sehen. Für weitere Informationen sei auf die Artenlisten der Zoos und Vogelparks verwiesen. Zu Freilandbeobachtungen am Brillenpinguin fand ich am 18.9.2007 in Südafrika Gelegenheit.

Da Pinguine nicht durch die Luft davonfliegen können, benötigen sie auch im Zoo kein vergittertes Gehege oder Dach, sondern einen Teich zum Schwimmen, festen Boden zum Gehen und Ruhen sowie Brutmöglichkeiten. Das Leben dieser Tiere spielt sich also vor den Augen der Besucher in Anlagen ab, die man betreten oder an die man nahe herangehen kann. Nur für die hocharktisch angepassten Arten bedarf es einer Halle mit eisgekühlten Temperaturen.

Ein Wasservogel: Selbst während des Schwimmens kann der Brillenpinguin mit dem Schnabel sein Körpergefieder pflegen.

Foto: H.-H. Bergmann. Zoo Münster, 25.8.2021.

Das angepasste Federkleid

Dass Pinguine tatsächlich Federn auf ihrer Haut tragen, erkennt man, wenn man sie aus der Nähe betrachten kann. Dass das Federkleid der Pinguine an ihre speziellen Bedürfnisse angepasst ist, braucht man kaum zu betonen. Die Körperbefiederung muss nicht nur wasserdicht sein, sondern auch gegen Wärmeverlust schützen – zusätzlich zum Fettgewebe der Unterhaut. Das gilt nicht nur im Wasser, sondern noch viel mehr bei den Arten der Antarktis außerhalb des Wassers im südlichen Winter. Da herrschen Temperaturen bis zu -60° C und Windgeschwindigkeiten bis zu 200 km/h, die dort lebenden Pinguine müssen solche Bedingungen aushalten.

Anders als bei den üblichen Land- und Wasservögeln der übrigen Welt sind die Körperdecken mit wenigen Zentimetern Länge relativ klein, bedecken aber die Haut in großer Dichte: Bis zu einem Dutzend Decken stehen auf einem Quadratzentimeter Haut. Sie überlappen sich gegenseitig. Eine Aufteilung in Federfluren und dazwischenliegende federlose Federraine gibt es nicht. Das Gefieder bedarf ebenso wie bei anderen Wasservögeln ständiger intensiver Pflege. Dazu gehört auch die Behandlung mit dem ölhaltigen Sekret der Bürzeldrüse, das die Federn elastisch hält.

Der Flügel ist flach ruderartig gestaltet und wirkt relativ kurz – im Vergleich zu dem befiederten Flügel anderer Vogelarten. Er muss aber beim Fliegen unter Wasser gegen einen vielfach verstärkten Widerstand des Mediums ankämpfen. Da wäre ein großer Flügel schwer zu handhaben. Ihm fehlen auch die vogeltypischen Schwungfedern. Manchmal leuchtet die Unterseite des Flügels nach dem Verlassen des Wassers rot auf: Die Durchblutung sorgt für Kühlung beim anstrengenden Flug unter Wasser.

Mauserfedern vom Brillenpinguin von der Körperoberseite (oben) und der Unterseite.

Foto: H.-H. Bergmann. Zoo Münster, 6.6.2023.

Ein mausernder Brillenpinguin darf nicht ins Wasser.

Foto: H.-H. Bergmann. Zoo Münster, 25.8.2021.

Die Mauser der Pinguine

Im Gehege stehen einige Pinguine mit unansehnlichem Gefieder. Neben neuen Federflächen fallen einzelne alte Federn oder ganze Felder graubraun gewordener, abgenutzter Federn auf. Intensiv mausernde Pinguine sind nicht wasserdicht und müssen das Wasser meiden. Trotzdem: Man muss schon sorgfältig nachsuchen, um die gemauserten Federn im Gehege zu entdecken. Sie sammeln sich an windgeschützten Ecken und am Rand. Manchmal liegen auch einige draußen in der Fußgängerzone, dort aber auch in kleinen Nischen, in Rinnen und am Rand des Zauns, wohin der Wind sie getragen haben mag. Kein Wunder, dass man sie nicht so leicht findet: Es handelt sich durchweg um kleine Federn. Mit dem Lineal gemessen, erreichen sie beim Brillenpinguin kaum 2,5 bis 3 cm Länge. Sie sind sämtlich zu ihrer Unterseite hin gekrümmt, das heißt, ursprünglich zum Körper hin. Geschlossene Federfahnen gibt es nur in einem engen Streifen am Schaft. Dort wo sonst Fahnen sein sollten, stehen die Federäste locker nebeneinander. Wo sie sich zur Basis hin der Spule annähern, lockern sie sich noch mehr zu einer wolligen Zone. Hinzu kommt an der Federunterseite ein ausgebreitetes Büschel von feinen Ästen, das an der Spule befestigt ist. Das ist die Afterfeder des Pinguins. Ohne Zweifel: Die dunigen Anteile der körpernahen Federhälfte bilden einen geschlossenen Luftmantel als Isolation gegen kalte Luft und kaltes Wasser. Auf die Daunen zwischen den Federn, wie man sie bei anderen Vögeln findet, können die Pinguine verzichten.

Unter den Deckfedern gibt es zwei Färbungsklassen: die weißen und die schwarzen Decken. Die weißen kommen von der Unterseite, die schwarzen von der Oberseite des Vogels. Das Pigment der Federn von der Oberseite zieht sich von der Federspitze über den ganzen Schaft bis zum Beginn der Spule. Die wollige Dunenzone und die Spule sind auch bei den schwarzen Federn weiß: Sie brauchen kein Pigment. Während richtige große Schwingen an den Flügeln fehlen, scheint es am Schwanz etwas größere Federn zu geben.

Das alltägliche Verhalten

Stehen, Gehen, Ruhen, Schwimmen

Manche Pinguine verbringen lange Zeiten des Tages stehend. Dabei nehmen sie eine senkrechte Körperhaltung ein, was seine Ursache in den weit hinten am Körper angebrachten Beinen hat. Pinguine stehen wie viele andere Vögel auf den Zehen. Da die hintere Zehe weitgehend zurückgebildet ist, sind nur die drei Vorderzehen durch zwei kurze Schwimmhäute miteinander verbunden. Da die Vögel mit den Flügeln schwimmen, werden die Zehen, zusammen mit dem Schwanz, im Wasser für das Steuern eingesetzt. Der Laufknochen ist ausgesprochen kurz und stämmig, was ein typisches Merkmal auch fossiler Pinguine darstellt.

Das aufrechte Gehen wird hauptsächlich dann eingesetzt, wenn die Vögel zwischen Ruheplatz und Wasser wechseln. Das Gehen sieht nicht sehr elegant aus, sondern eher etwas watschelnd und schwankend wie bei einer Ente. Die Tiere können aber auch sehr rasch vorwärtslaufen. Auf dem Eis können sie auf dem Bauch gleiten, als ob sie Schlitten fahren.

Das aktive Schwimmen erfolgt mit großer Schnelligkeit und Eleganz meist unter Wasser, wobei schnelle Wendungen eingeschaltet werden. Es wird durch kurze Atempausen an der Wasseroberfläche unterbrochen. In diesem Moment sind auch die Färbungsmuster des Kopfes am besten sichtbar, an denen man die verschiedenen Arten unterscheiden kann. Beim Schwimmen an der Wasseroberfläche wird der Kopf gehoben, manchmal auch der Schwanz. Der Vogel liegt dabei tief im Wasser, was sich aus dem hohen spezifischen Gewicht der Pinguine erklärt. Sie haben keine lufthaltigen Knochen, deswegen sind sie schwer, was ihnen aber das Tauchen erleichtert. Schwimmen kann durch einen Sprung vom Wasser aus auf festen Untergrund abgeschlossen werden.

Eigentliches Ruhen findet im Liegen auf dem Bauch statt. Dabei sind Beine und Zehen seitlich unter dem Bauch sichtbar. Auch im Wasser können sie ruhen. So ein Humboldtpinguin driftet dann geruhsam auf der Wasseroberfläche, den Kopf leicht um etwa 40 Grad gehoben, und die Augen blinzeln oder werden zeitweise geschlossen. Mit ähnlicher Kopfhaltung stehen sie auch auf festem Grund.

Schüttelbewegungen

Sowohl nach dem Verlassen des Wassers als auch ohne diesen Anlass auf festem Untergrund tritt eine kombinierte Schüttelbewegung auf. Sie besteht aus einem Sichflügeln mit seitwärts gestreckten Flügeln, einem anschließenden Kopf- und Körperschütteln und einem abschließenden Schwanzschütteln. Man könnte diese Kombination von Verhaltensweisen Schüttelflügeln nennen. Alle drei Komponenten treten auch einzeln auf. Das Kopfschütteln ist häufig bei einem an der Wasseroberfläche schwimmenden Vogel zu sehen. Da Pinguine das mit dem Meerwasser aufgenommene Salz über Salzdrüsen am Kopf ausscheiden, dient das Kopfschütteln auch dem Wegschleudern der den Schnabel herablaufenden salzigen Ausscheidung – wenn sie nicht gerade abgetaucht sind.

Streckbewegungen

Das Gähnen in Form eines weiten langsamen Schnabelöffnens ist relativ häufig zu sehen. Dabei wird meist der Kopf gehoben, sodass der offene Schnabel senkrecht nach oben zeigt. Dabei wird das fleischrote Schnabelinnere sichtbar. Das Gähnen wird oftmals in kurzen Zeitabständen wiederholt. An Land tritt es zugleich mit einem Müdigkeit anzeigenden Schließen des unteren Augenlides auf. Es ist nicht mit einer Lautäußerung verbunden. Das synchrone Strecken beider Flügel nach oben mit einem Beugen nach vorn wurde nur beim Humboldtpinguin beobachtet – aber innerhalb von Stunden in einer größeren Gruppe nur einmal. Ein Vogel streckte im Schwimmen einmal beide Flügel senkrecht nach oben. Das bei anderen Vögeln übliche Strecken eines Flügels seitwärts nach hinten-unten, verbunden mit gleichseitigem Strecken eines Beines nach hinten und dem Spreizen der zugehörigen Schwanzhälfte, wurde bislang überhaupt nicht festgestellt. Ob sie es nicht schaffen, auf einem Bein zu stehen, während sie dieses einseitige Strecken vollführen? Das kann nicht sein: Sie sind jederzeit imstande, sich auf einem Bein stehend eingehend mit dem Fuß der anderen Seite zu kratzen, ohne dabei umzufallen.

Beim Gähnen streckt sich der Brillenpinguin häufig senkrecht nach oben und zeigt das rote Schnabelinnere. Foto: H.-H. Bergmann. Zoo Münster, 25.8.2021.

Gefiederpflege – individuell und sozial

Die Pflege des eigenen Gefieders durch Beknabbern mit dem Schnabel ist bei Vögeln verbreitet. Es tritt in großem Umfang auch bei Pinguinen auf. Außer dem Kopf und dem oberen Hals wird das gesamte Kleingefieder des Körpers mit dem Schnabel erreicht. Dazu gehören auch gelegentliches Reiben mit der Schnabelseite über die Gefiederoberfläche sowie das Reiben des Hinterkopfes am Rückengefieder, wobei nicht nur das Gefieder geglättet, sondern vermutlich auch das ölige Sekret der Bürzeldrüse verteilt wird. Die soziale Gefiederpflege, das Beknabbern des Gefieders eines Artgenossen, findet anscheinend vor allem unter Partnern eines Paares statt. Es wird durch die geringe Entfernung gefördert, die die

Soziales Verhalten der Brillenpinguine: Der vorjährige Jungvogel (links) und das Dunenjunge (rechts) halten eng mit dem Elternvogel zusammen, wenn es Futter gibt. Foto: H.-H. Bergmann. Betty's Bay, Südafrika, 18.9.2007.

Paare an ihren Ruheplätzen untereinander einhalten. Es richtet sich vor allem auf die Kopf- und Halsregion des Artgenossen, die durch den eigenen Schnabel nicht erreicht werden kann. Oft beknabbern einander zwei Partner ganz liebevoll gleichzeitig.

Sichkratzen mit dem Fuß

Da der Kopf und der obere Hals bei Vögeln für den eigenen Schnabel unzugänglich sind, müssen hier andere Verfahren wirken. Die häufigste Variante besteht darin, dass ein Fuß des stehenden Vogels gehoben wird und den Kopf durch kratzende Bewegung mit den krallenbewehrten Zehen behandelt. Entsprechendes geschieht beim liegend am Boden ruhenden und auch beim schwimmenden Vogel. In jedem Fall greift bei Pinguinen der kratzende Fuß rückenseitig über den Flügel hinweg an den Kopf, um dort seine rhythmisch kratzende Bewegung durchzuführen. Dies entspricht dem bei vielen anderen Vögeln verbreiteten indirekten Sichkratzen „hintenherum“. Durch Drehen des Kopfes können auch die Kopfseiten und die Kehle dem kratzenden Fuß zugewendet werden. Ein Kratzen „vornherum“ wurde nicht festgestellt.

Viele soziale Verhaltensweisen, die auch in den Kolonien in den Zoos zu beobachten sind, werden hier nicht besprochen. Dazu gehören Brut und Paarung, Aggression und andere.

Der Fuß kratzt über den Flügel hinweg den Kopf. Brillenpinguin. Foto: H.-H. Bergmann. Zoo Münster, 25.8.2021.

Besonderheiten im Verhalten der Pinguine

Das Sichflügeln, das bei anderen Vögeln aus einem kurzen Schub von Flügelschlägen am Boden besteht, kann hier länger anhalten. Anders als beim Fliegen unter Wasser stößt dieses Verhalten mit den kleinflächigen Flügeln des Pinguins in der Luft auf wenig Widerstand. Vielleicht erklärt sich daraus die Dauer; vielleicht tritt es vielfach auch an die Stelle der Streckbewegungen anderer Vögel.

Erfindung der Pinguine: Wo der Schnabel nicht hinreicht, kann der Hinterkopf am Flügel gerieben werden. Foto: H.-H. Bergmann. Zoo Münster, 25.8.2021.

Kopfreiben am Flügelbug

Bei der Gefiederpflege erreicht der Schnabel auch den Flügel und dieser erhält Putzeinheiten. Flügelbug und Kopf des Pinguins müssen sich dabei einander annähern. Daraus ergibt sich häufig ein anderes Verhalten. Der Kopf dreht sich und wird am Flügelbug gerieben. Der Kopf kann dabei verschiedene Stellungen einnehmen, sodass auch die Kehle oder der Hinterkopf mit dem Flügelbug in Kontakt kommt. Dem Kopf kommt bei diesem Verhalten eine aktive Rolle zu. Der Flügel wird ihm entgegengestreckt.

Flügelwischen

Beim schwimmenden Humboldtpinguin trat im Anschluss an eine Phase der Gefiederpflege mit dem Schnabel eine wischende Bewegung des Flügels an Flanke oder Rücken auf. Die vom Schnabel bearbeiteten Stellen, an denen sich Körperdecken aufgerichtet hatten, wurden dabei geglättet. Gleiches Verhalten haben wir bei schwimmenden Brillen- und Eselspinguinen gesehen. Es dürfte bei den Pinguinen weitverbreitet sein. Die Verwendung des Flügels bei der Gefiederpflege ist in der Vogelwelt wohl einmalig. Es handelt sich wahrscheinlich um sekundär entwickelte Merkmale, die nicht auf altes Erbe zurückgehen, sondern

Der Flügel des schwimmenden Brillenpinguins streicht glättend über das Gefieder von Flanke und Rücken. Der Vogel trägt eine Flügelmarke. Foto: H.-H. Bergmann. Zoo Dortmund, 28.8.2021.

bei der Spezialisierung des Flügels zu einer Flosse entstanden sind.

Überraschung: Insektenjagd

Ein vorjähriger Humboldtpinguin schwimmt an der Wasseroberfläche durch das Becken und richtet sich immer wieder mit einem kleinen Stoß vorwärts nach oben, wonach er gleich wieder zurückfällt. Erst beim genauen Hinsehen entdeckt man: Er schnappt nach einer über das Wasser fliegenden Libelle oder einem anderen Insekt – vergeblich. Manchmal gesellt sich ein Altersgenosse zu ihm und sie versuchen es zu zweit, ebenfalls erfolglos. Wahrscheinlich kann man weitere überraschende Verhaltensweisen entdecken, wenn man nur lange genug beobachtet. Man darf aber nicht sicher sein, dass sie typisch für Pinguine allgemein oder auch nur für die beobachtete Art oder Gruppe oder das Individuum sind.

Ein Fazit

Kein Zweifel: Pinguine sind echte Vögel – nach ihren äußerlichen Merkmalen genauso wie nach den meisten ihrer alltäglichen Verhaltensweisen. Pinguine sind hochgradig angepasste Wasservögel der Südhalbkugel und der Tropen. Sie sind noch stärker auf das Leben im Wasser eingestellt als die Wasservögel der Nordhalbkugel wie Entenvögel, Taucher, Tölpel, Reiher und andere. Pinguine lassen sich am ehesten noch mit den Alken und anderen Flügeltauchern der nordischen Vogelberge vergleichen, sind aber in Wirklichkeit am nächsten mit den Röhrennasen wie Albatrossen, Sturmvögeln und Sturmtauchern verwandt – alles hochgradige Meeresvögel. Viele Verhaltensweisen sind bei ihnen wie bei anderen Vögeln entwickelt. Sie verfügen aber auch über manche, die man bei anderen Vögeln vermisst.

Hans-Heiner Bergmann

Literatur zum Thema

Arendt E, Schweiger H 2021: Kiwi & Co. – Vögel Neuseelands. Tiere vor der Kamera, Folge 24. DVD, ERA-Film, Weil am Rhein.
Culik B 2008: Pinguine. Weltbild, Augsburg.
del Hoyo J, Elliott A, Sargatal J (Hrsg.) 1992: Handbook of the Birds of the World. Bd. 1, Lynx Edicions, Barcelona.
Müller-Schwarze D, Müller-Schwarze C 1977: Pinguine. Neue Brehm-Bücherei, Ziemsen, Wittenberg-Lutherstadt, 2. Aufl.

Dank: Beobachtungen und fotografische Dokumentation an freilebenden Brillenpinguinen wurden während einer von Frau Jutta Gerstner (Marburg/L.) organisierten Expedition nach Südafrika im Herbst 2007 ermöglicht. Ernst Arendt und Hans Schweiger stellten ihren Neuseelandfilm auf DVD zur Verfügung. Beobachtungen und Fotos konnte ich in den Zoos von Dortmund, Münster, Rheine, Sababurg und Wuppertal machen.

Prof. Dr. Hans-Heiner Bergmann hat bei einer Reise nach Südafrika sowie bei Besuchen in Zoos und Tierparks das Verhalten der Pinguine für sich entdeckt und ist dabei auf Überraschungen gestoßen.

Brillenpinguine auf Robben Island, Südafrika, im Hintergrund ist der Tafelberg zu sehen. Die Insel liegt 12 km vor Kapstadt und diente lange Zeit als Gefängnisinsel. Der Friedensnobelpreisträger und ehemalige Präsident Südafrikas, Nelson Mandela, war hier 18 Jahre lang interniert. Heute ist die Insel eine nationale Gedenkstätte und gehört zum UNESCO-Welterbe. Das einstige Gefängnisgebäude wurde zu einem Museum umgestaltet. Foto: P. Barham.

AFRIKAS EINZIGE PINGUINART:

Gibt es noch Rettung für den Brillenpinguin?

Der Brillenpinguin (*Spheniscus demersus*) ist die einzige Pinguinart in Afrika und wird daher auch Afrikanischer Pinguin genannt. Sein Vorkommen beschränkt sich auf die Küstengebiete Südafrikas und Namibias. In Südafrika ist die Zahl der Brutpaare zwischen 2000 und 2021 um mehr als 75 % zurückgegangen. Die Art gilt als stark gefährdet.

Brillenpinguine verdanken ihren Namen der brillenartigen Zeichnung im schwarz-weiß gefiederten Gesichtsbereich. Die Vögel werden bis zu 70 cm groß, wiegen zwischen 2,5 und 3 kg und können bis zu zwanzig Jahre alt werden. Sie brüten in küstennahen Kolonien und legen meist zwei Eier. Brillenpinguine ernähren sich hauptsächlich von Schwarmfischen wie Sardinen oder Sardellen. Die industrielle Fischerei, die sich für dieselben Fischarten interessiert, ist ein starker Konkurrent und eine der Hauptursachen für den Bestandsrückgang.

Mehr als 80 % des Bestandes befinden sich auf nur noch zehn Inseln mit jeweils über 700 Brutpaaren. Drei dieser Inseln liegen in Namibia, sieben in Südafrika. Zu den Inseln, die man dort als Tourist besuchen kann gehören Robben Island, Simon's Town (Boulder's Beach) und Stony Point.

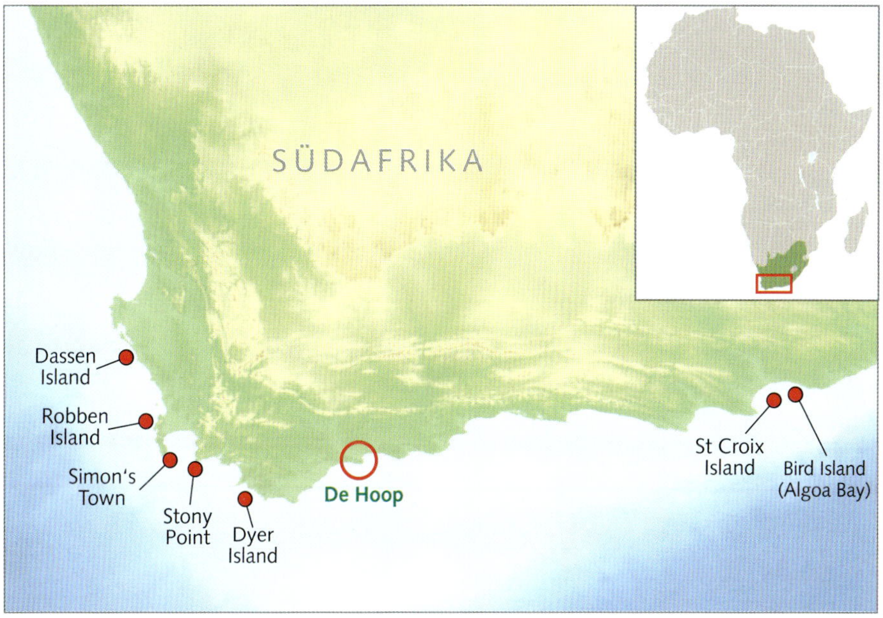

Lage der Pinguinkolonien mit über 700 Brutpaaren in Südafrika.

Bestandsentwicklung

2010 wurde die Art von der IUCN (The International Union for Conservation of Nature) erstmals als gefährdet eingestuft, der Bestand geht weiterhin zurück (BirdLife International 2020). Brillenpinguine wurden von der IUCN zudem als eine von drei der weltweit 18 Pinguinarten identifiziert, die dringende Schutzmaßnahmen benötigen, um sie vor dem Aussterben zu bewahren. Die weltweite Population wird aktuell auf insgesamt unter 13 000 Paare geschätzt: circa 8300 Paare in Südafrika (basierend auf der Zählung von 2023) und 4000 bis 5000 Paare in Namibia (basierend auf der Zählung von 2017).

Gründe für den massiven Bestandsrückgang

Der massive Rückgang der Bestände hat verschiedene Ursachen. Die historische Praxis des Eiersammelns zwischen 1800 und 1900 hatte zu Beginn des 20. Jahrhunderts deutliche Auswirkungen auf die Pinguinpopulation. Zu den weiteren Gründen gehört der mittlerweile in Südafrika eingestellte, aber ehemals intensive Abbau von Guano, der als Dünger in der Landwirtschaft Verwendung findet. Brillenpinguine legen ihre Nester bevorzugt in sogenannten Guano-Höhlen an. Mit Guano bezeichnet man den getrockneten Kot von Seevögeln, der sich über Jahrhunderte in dicken Schichten an den Brutplätzen und Kolonien angesammelt hat. Diese bilden sich aber nur dort, wo viele Seevögel zusammenkommen und es so selten regnet, dass keine nennenswerten Mengen an Kot weggespült werden. Große Mengen Guano entstanden daher vor allem an den Küsten Südafrikas und Namibias, aber zum Beispiel auch in Chile und Peru. Anfang des 19. Jahrhunderts türmten sich meterhohe Schichten entlang der Küstengebiete und Inseln und dienten Vögeln wie Humboldt- und Brillenpinguinen als Brutplatz. Die Tiere graben ihre Bruthöhlen normalerweise in den weichen Guano hinein, um ihre Küken vor der starken Sonnenstrahlung und vor Feinden zu schützen. Da die feinkörnige Substanz außergewöhnlich viele Mineralien enthält, ist sie aber auch ein begehrtes stickstoff- und phosphorsäurehaltiges Düngemittel. Schon die Inka und andere südamerikanische Völker nutzten vor der Zeit des Inkareichs Guano in der Landwirtschaft, um den Ertrag ihrer Felder zu steigern. Anfang des 19. Jahrhunderts brachte Alexander von Humboldt die ersten Guanoproben mit nach Europa

Ein Brillenpinguin mit seinem Küken im Nest in Boulder's Beach, Südafrika. In solchen offenen Nestern sind brütende Pinguine extremen Wetterlagen ausgesetzt und leiden oft unter der Hitze. Foto: D. Callister.

und ließ sie von Chemikern analysieren. Es folgte ein regelrechter Boom und die hohe Nachfrage hielt etwa von der Mitte bis zum Ende des 19. Jahrhunderts an. Guano war damals so begehrt, dass man ihn sogar das „weiße Gold" nannte. Der intensive Abbau hatte für die Pinguine jedoch dramatische Folgen. Für die Vögel bedeutete er zum einen eine starke Störung während der Brutzeit. Zum anderen wurden mit dem Abtragen der Guanoschichten ihre Bruthabitate zerstört, sodass die Tiere immer mehr in suboptimale Gebiete ausweichen mussten, wo Eier und Küken schlechter vor Hitze und Feinden geschützt sind.

Nach erfolgreicher Aufzucht bei SANCCOB werden die Brillenpinguine wieder in die Wildbahn entlassen.
Foto: D. Callister.

Gründung von SANCCOB

Ein großes Problem stellt die Gefahr durch Ölkatastrophen dar. In der Vergangenheit führten mehrere schwere Schiffsunglücke an den Küsten Südafrikas immer wieder zu schweren Umweltschäden und zur Verölung von Tausenden Pinguinen und anderen Seevögeln. Eine Ölkatastrophe im Jahr 1968 war der Auslöser für die Gründung der Stiftung Southern African Foundation for the Conservation of Coastal Birds (SANCCOB). Althea Louise Burman Westphal, die Gründerin von SANCCOB, richtete damals auf ihrem Grundstück eine provisorische Station ein und begann auf ihrem Privatgrundstück in Kapstadt verölte Pinguine zu reinigen, um sie anschließend wieder in die Natur zu entlassen. Das Gefieder der betroffenen Vögel wurde in der Badewanne vorsichtig mit weichen Bürsten und mildem Spülmittel gereinigt und die entkräfteten Tiere mit in Fisch- oder Sonnenblumenöl getränkten Seehechtstreifen gefüttert. Im Garten funktionierte man einen Anhänger aus Holz kurzerhand zum Swimmingpool um. Mit der Gründung von SANCCOB hat sich die südafrikanische Stiftung den Schutz von Seevögeln auf die Fahne geschrieben, wobei der Brillenpinguin die wichtigste Zielart darstellt.

Leider sollte die Ölkatastrophe von 1968 in der Region nicht die letzte bleiben, weitere folgten. 1994 sank der Eisenerzfrachter Apollo Sea nahe Dassen Island an der Westküste Südafrikas und verursachte eine Ölpest, der ebenfalls Tausende Pinguine und andere Seevögel zum Opfer fielen. Im Jahr 2000 sank der Frachter MV Treasure vor der Küste Südafrikas. Über 20 000 verölte Brillenpinguine wurden gereinigt, von denen etwa 90 % überlebten und wieder in die Freiheit entlassen werden konnten. Weitere knapp 20 000 Brillenpinguine wurden in einer aufwendigen Rettungsaktion in ihren Brutkolonien eingefangen und per LKW 800 km weiter östlich außerhalb der Gefahrenzone wieder ausgebracht. Studien haben gezeigt, dass diese weltweit größte Rettungsaktion für eine einzelne Art ein Erfolg war und die Abnahme der Pinguinpopulation zumindest verlangsamt haben dürfte.

Verlassene oder unterernährte Pinguinküken werden von Rangern in den Brutkolonien gerettet.
Foto: D. Callister.

Nahrungsmangel als weitere Ursache für die Bestandsrückgänge

Leider führten die technischen Verbesserungen in der Schifffahrt und die nachfolgende Abnahme der Ölunfälle nicht zu einer Zunahme der Pinguinpopulation. Lärm durch den zunehmenden Schiffsverkehr, Müll im Meer, Autounfälle mit unachtsamen Touristen auf koloniena-

Aus den Gelegen, die von den Elterntieren aufgegeben wurden, werden die Eier der Brillenpinguine gerettet und bei SANCCOB in Südafrika künstlich ausgebrütet. Foto: D. Callister.

Brillenpinguinküken schlüpfen in der Aufzuchtstation von SANCCOB. Foto: SANCCOB.

hen Straßen, aber auch natürliche Feinde wie Pelzrobben, Möwen, Wildkatzen und andere Landsäugetiere setzen den Vögeln weiterhin zu.

Besonders problematisch ist jedoch die schlechte Nahrungsverfügbarkeit. Eine Kombination aus natürlichen Schwankungen der Fischbestände und starker Konkurrenz durch die Fischerei führen zu einem geringen Nahrungsangebot für die Pinguine. In Namibia sind die Bestände von Sardinen und Sardellen bereits in den 1960er-Jahren zusammengebrochen und heutzutage deutlich kleiner als in Südafrika.

In Südafrika, wo dank eines Fischereimanagements die Fischvorkommen länger ausreichten, erholte sich die Zahl der Pinguinbrutpaare zu Beginn des 21. Jahrhunderts leicht, nimmt aber seit zwei Jahrzehnten dramatisch ab. Die Fischbestände befinden sich derzeit in einem historischen Tiefstand, was sowohl für die Pinguine als auch für die Fischerei große Probleme mit sich bringt. Durch die Einrichtung von Meeresschutzgebieten, in denen der Fang von Sardinen und Sardellen eingeschränkt ist, wird derzeit versucht, das Nahrungsangebot für die Pinguine zu verbessern. Fast 10 % der südafrikanischen Brillenpinguine kommen heute in Simon‘s Town (Boulder‘s Beach) vor, wo sie wieder ausreichend Beute finden, da die Bucht seit Jahrzehnten für den industriellen Fischfang gesperrt ist.

Naturschützer hoffen, dass das Fischereiverbot, das nun auch auf andere Gebiete ausgeweitet wird, noch viele Jahre bestehen bleibt, damit sich die Fischbestände erholen können und es wieder genug Nahrung für den Brillenpinguin gibt. David Roberts von SANCCOB betont die Notwendigkeit einer „marinen Raumplanung“, um die Bedürfnisse der Menschen mit denen der Tiere in Einklang zu bringen. Nur so könne ein neues Gleichgewicht in den Ozeanen entstehen und der Brillenpinguin vor dem Aussterben gerettet werden. Doch die Zeit drängt.

Daher arbeiten mehrere Gruppen und Institutionen, von Umweltbehörden über NGOs bis hin zu südafrikanischen und internationalen Wissenschaftlerinnen und Wissenschaftlern an einer ganzen Reihe von Schutzmaßnahmen.

Schutzmaßnahmen für die Pinguine

SANCCOB kümmert sich seit seiner Gründung im Jahr 1968 um verölte Pinguine und arbeitet eng mit Regierungen und Unternehmen an der Prävention von Ölunfällen. Außerdem werden jährlich über tausend Pinguine medizinisch versorgt, die aufgrund von Verletzungen, Nahrungsmangel oder extremen Wetterbedingungen Hilfe benötigen. Eine der Hauptaufgaben von SANCCOB ist mittlerweile die Aufzucht von Pinguinküken, die in der Wildnis von ihren Eltern verlassen wurden. Dies kann zum Beispiel durch Störungen oder auch durch Nahrungsmangel ausgelöst werden, da die Elterntiere ihre Gelege aufgeben, wenn die Nahrung in der Umgebung ihrer Brutkolonie zu knapp wird.

SANCCOB finanziert eine Reihe von Rangern, die die Brutkolonien betreuen und verletzte Pinguine oder andere Seevögel sowie verlassene Küken und Pinguineier zu SANCCOB transportieren. Die Ranger kontrollieren die Kolonien während der Brutsaison und vor allem während extremer Wetterlagen, wie Hitzeperioden, aber auch nach kalten Winterstürmen und Starkregen, da Brillenpinguine hauptsächlich in den Wintermonaten brüten. Die Eier werden in der Station von SANCCOB in Inkubatoren ausgebrütet und die Küken von den Mitarbeiterinnen und Mitarbeitern von Hand aufgezogen

Ein wenige Tage altes Küken des Brillenpinguins. Foto: J. Rubin.

bis sie das nötige Gewicht und Gefieder haben, um wieder ausgewildert werden zu können. Seit 2006 hat SANCCOB mehr als 9000 Pinguinküken aufgezogen und mehr als 2000 Eier künstlich ausgebrütet. Je nachdem, in welchem Alter die Küken in die Station kommen, dauert es bis zu drei Monate bis sie wieder in die Wildnis entlassen werden dürfen. Das entspricht dann etwa dem Alter, in dem sie in den Kolonien flügge geworden wären. Der Aufwand für die Aufzucht ist hoch. Die Küken müssen täglich zwischen zwei und sechs Mal gefüttert werden. Sehr junge Küken benötigen alle zwei bis drei Stunden Nahrung, von den frühen Morgenstunden bis spät in die Nacht. Bis zur Freilassung fressen die Jungtiere eine beträchtliche Menge an Fisch und auch die regelmäßige Reinigung der Gehege ist aufwendig. SANCCOB finanziert seine Arbeit ausschließlich über Spenden und benötigt für die Arbeit nicht nur finanzielle Mittel, sondern auch viele helfende Hände. Neben den rund dreißig fest angestellten Mitarbeiterinnen und Mitarbeitern sind bei SANCCOB täglich mehrere Dutzend Freiwillige im Einsatz, darunter auch viele aus Deutschland.

Die Aufzucht von Pinguinküken hat natürlich nur Sinn, wenn die Tiere auch in freier Wildbahn überleben und ihren Nachwuchs erfolgreich aufziehen, um so zur Bestandserholung beizutragen. Daher werden alle Pinguine, die bei SANCCOB aufgezogen oder medizinisch versorgt werden, mit Mikrochips ausgestattet. So erhält man Informationen darüber, ob die Tiere überleben und in welcher Kolonie sie später brüten. Zur Kontrolle verwenden die Ranger in den Brutkolonien Handlesegeräte, aber auch automatische Lesegeräte sind mittlerweile in fast allen Kolonien installiert. In Zusammenarbeit mit BirdLife South Africa werden diese Geräte derzeit mit zusätzlichen Waagen ausgestattet. Die Wissenschaftlerinnen und Wissenschaftler beider Organisationen erhalten dadurch wichtige Daten zu Überlebensraten, zur Brutkoloniewahl der Tiere, aber auch wie gut oder schlecht die Pinguine auf See Nahrung finden. Weisen die Vögel ein niedriges Körpergewicht auf oder bleiben sie auffallend lange auf See und bringen nur wenig Nahrung für ihre Küken an Land, bedeutet das, dass die Fischbestände rund um die Kolonien nicht ausreichen und der

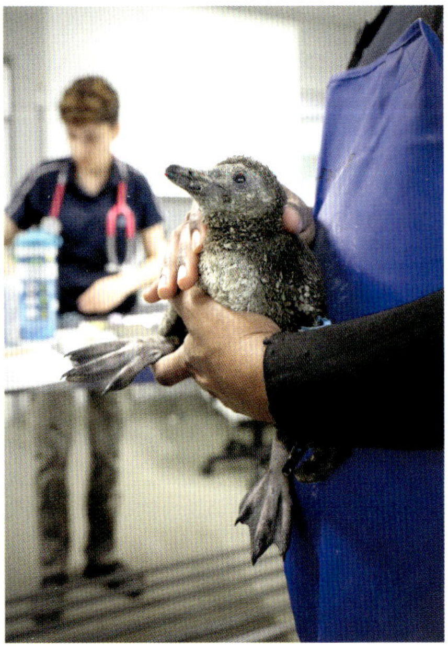

Gerettetes Pinguinküken bei der Ankunft in der Station. Foto: D. Callister.

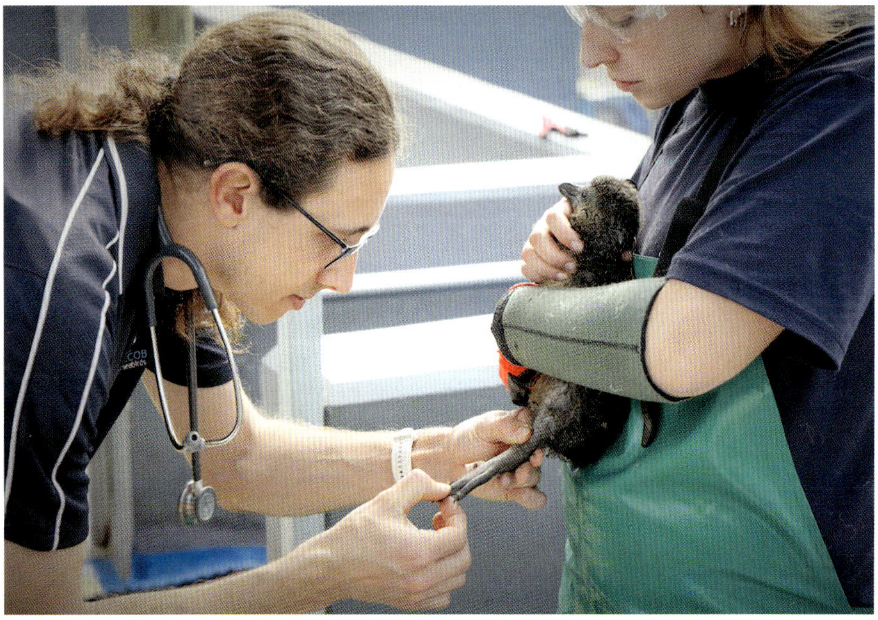

Tierärztliche Untersuchung eines Pinguinkükens durch Dr. David Roberts bei SANCCOB. Foto: D. Callister.

Mikrochips, Auslesegeräte und Waagen ermöglichen den Forschern, wertvolle Daten zur Nahrungsverfügbarkeit für die Brillenpinguine zu erhalten. Diese Informationen sind wichtig, um adäquate Schutzgebiete einrichten zu können. Foto: BirdLife South Africa.

Nahrungsmangel weiter zur Abnahme der Pinguinbestände beiträgt.

Der Wert der Brillenpinguine aus ökonomischer Sicht

Seit Jahren kämpfen Forschende in Südafrika für bessere Schutzgebiete rund um die letzten Pinguinkolonien, in denen der Fang von Sardinen und Sardellen verboten werden soll. Doch nicht nur die Pinguine brauchen genügend Fisch zum Überleben, auch die lokalen Fischer sind darauf angewiesen. In einem Land mit hoher Arbeitslosigkeit hat es der Natur- und Umweltschutz nicht leicht, wenn dadurch Arbeitsplätze verloren gehen könnten. Andererseits hängen wiederum auch viele Arbeitsplätze von den Pinguinen ab. Die Pinguinkolonie in Boulder‘s Beach in Südafrika ist ein beliebtes Touristenziel. Zahlreiche Unternehmen bieten Touren dorthin an, von denen wiederum Hotels und Restaurants profitieren und dank der Pinguine Arbeitsplätze schaffen.

Das prognostizierte zukünftige Einkommen aus dem Tourismus zu der Boulder‘s Beach Kolonie über die nächsten dreißig Jahre wurde auf etwa 350 Millionen Euro (6,8 Milliarden südafrikanische Rand (ZAR)) geschätzt (Zahlen vor Covid-19).

Nicht erst seit „Penguin Town“ sind Brillenpinguine beliebte Objekte für internationale Filmproduktionen. „Penguin Town“ ist eine von Netflix produzierte Dokumentar-Fernsehserie aus dem Jahr 2021, die eine Gruppe von Brillenpinguinen in Simon‘s Town, Südafrika, bei der Partnersuche, der Aufzucht ihrer Jungen und der Interaktion mit anderen Pinguinen mit der Kamera begleitet.

Südafrika ist außerdem für seine einzigartige Natur und Wildnis bekannt und hat internationale Verpflichtungen seine Artenvielfalt zu erhalten. Naturschützer und Wissenschaftler hoffen daher auf den politischen Willen, die wichtigen Nahrungsressourcen für den Brillenpinguin durch Einschränkungen der Fischerei besser zu schützen. Dies würde langfristig zu einer Erholung der Fischbestände führen und sich auch positiv auf andere bedrohte Seevogelarten wie den Kaptölpel und den Kapkormoran auswirken, die beide ebenfalls auf der Roten Liste der bedrohten Arten der IUCN stehen.

Wissenschaftliche Begleitforschung liefert wertvolle Daten für Schutzmaßnahmen

SANCCOB arbeitet mit verschiedenen Wissenschaftlerinnen und Wissenschaftlern daran, die verschiedenen Gefährdungen des Brillenpinguins genauer zu erforschen und Lösungen zu finden, wie diese so weit wie möglich reduziert oder verhindert werden können. Während die krankheitsbedingte Sterblichkeit in freier Wildbahn bisher keine wesentlichen Auswirkungen auf die Bestände hatte, hat die Vogelgrippe in Namibia in jüngster Zeit zum Tod von über 300 Brillenpinguinen geführt. In Südafrika waren die Vögel in den letzten drei Jahren von zwei verschiedenen Ausbrüchen betroffen. In enger Zusammenarbeit mit Regierungsvertretern und Veterinären wird versucht, die Übertragungswege besser zu verstehen und die Ausbreitung des Virus so weit wie möglich zu verhindern.

Ein Brillenpinguin kehrt nach erfolgreicher Behandlung wieder in die Wildbahn zurück. Foto: D. Callister.

Um zukünftig weitere Meeresschutzgebiete ausweisen zu können, werden die Pinguine außerdem mit Satellitensendern und GPS-Geräten ausgerüstet, um ihre Wanderrouten und wichtige Rast- und Nahrungsgebiete zu identifizieren. Die Daten erlauben Einblicke in die Biologie der Jungtiere in ihrem ersten Jahr auf See, aber auch der erwachsenen Pinguine, die sich vor oder nach ihrer jährlichen Mauser genügend Fettreserven anfressen müssen, um erfolgreich brüten zu können.

Auch akustische Untersuchungen werden durchgeführt, um Daten über mögliche Gefährdungen durch Unterwasserlärm (z.B. von Schiffen) zu erhalten. Regelmäßige Bestandszählungen in den Kolonien sind ebenfalls Teil der Arbeit.

Leider sind die Gebiete rund um die letzten Pinguinkolonien in Südafrika weiterhin durch Nahrungsmangel aufgrund von Überfischung sowie durch den Ausbau von Häfen und andere menschliche Aktivitäten wie Öl- und Gasförderung bedroht. Daher wird derzeit versucht, eine neue Brutkolonie in einem Gebiet an der Südspitze Afrikas anzusiedeln. Sowohl aus Fischereials auch aus Seevogelstudien ist bekannt, dass das Meeresgebiet vor der Küste des De Hoop Nationalparks ein geeigneter Lebensraum sein könnte. BirdLife South Africa hat dort daher in Zusammenarbeit mit der lokalen Umweltbehörde CapeNature und SANCCOB eine neue Brutkolonie angesiedelt. In einem ausgewählten Gebiet, das zum Schutz vor Landraubtieren eingezäunt wurde, sind inzwischen über 200 von SANCCOB aufgezogene Jungtiere ausgebracht worden. Pinguinattrappen und Pinguinrufe aus Lautsprechern sollen weitere Pinguine anlocken. 2022 schlüpften die ersten Küken in der neuen Kolonie, 2023 wurden weitere Küken entdeckt.

Brillenpinguine am Strand vor Kapstadt. Foto: D. Callister.

Ausblick

Für die Zukunft des Brillenpinguins sieht es derzeit nicht gut aus, solange die bestehenden Probleme, die den Bestand weiter reduzieren, nicht gelöst werden.

Dank der unermüdlichen Arbeit von Organisationen wie SANCCOB und BirdLife South Africa, die aktiv für den Schutz des Brillenpinguins kämpfen und sich auch auf politischer Ebene für die Tiere einsetzen, besteht jedoch berechtigte Hoffnung, dass das Aussterben des Brillenpinguins noch verhindert werden kann.

Katrin Ludynia, Ulrike Kubetzki

SANCCOB

Die Stiftung Southern African Foundation for the Conservation of Coastal Birds (SANCCOB), ist eine gemeinnützige, südafrikanische Non-Profit-Organisation, die sich dem Schutz von Seevögeln widmet. Ihre Hauptzielart ist der Brillenpinguin, auch Afrikanischer Pinguin genannt. SANCCOB wurde im November 1968 von Althea Westphal gegründet, nachdem ein schweres Schiffsunglück vor der Küste Südafrikas eine Ölkatastrophe ausgelöst hatte, bei der Tausende Brillenpinguine und andere Seevögel verölt wurden. Althea Westphal reinigte viele Pinguine auf ihrem Privatgrundstück in Kapstadt und gründete noch im selben Jahr SANCCOB. Bei der Ölkatastrophe durch die MV Treasure im Juni 2000 wurden fast 20 000 verölte Brillenpinguine gerettet und weitere knapp 20 000 Pinguine per Lastkraftwagen aus der Gefahrenzone evakuiert und mehrere Hundert Kilometer entfernt an anderer Stelle wieder in die Wildnis entlassen. Neben der Rettung und Aufzucht von Pinguinen und anderen Seevögeln gehören auch die Öffentlichkeitsarbeit sowie Fortbildungen zu den Schwerpunkten der Arbeit. Angeboten wird ein breites Bildungs- und Informationsprogramm, vor allem für Kinder und Jugendliche.

SANCCOB unterhält zwei Standorte: in der Westkap-Provinz in Table View, Kapstadt, sowie im Cape Recife Nature Reserve in Gqeberha (ehemals Port Elizabeth).

Zur Ausstattung gehören neben den Aufzuchtstationen auch eine voll ausgestattete Tierarztpraxis mit Röntgen- und Anästhesieanlagen speziell für Seevögel. Die Arbeit der Stiftung wird wissenschaftlich begleitet.

SANCCOB finanziert sich hauptsächlich durch Spendengelder, Patenschaften für Pinguine und den Verkauf von Merchandising-Produkten.

Wer die Stiftung finanziell oder als freiwillige Helferin oder Helfer vor Ort unterstützen möchte, findet alle Informationen unter: https://sanccob.co.za/

Dr. Katrin Ludynia arbeitet als Wissenschaftlerin bei SANCCOB. Sie forscht und arbeitet seit über 15 Jahren zum Schutz von Seevögeln im südlichen Afrika. Ursprünglich aus Osnabrück hat sie an der Universität Kiel Meeresbiologie studiert und ihre Doktorarbeit über Seevögel in Chile und Namibia geschrieben.

Dr. Ulrike Kubetzki ist als Wissenschaftlerin und Hochschuldozentin an der Universität Kiel in der Abteilung „Tierökologie, Naturschutz und Wissenschaftskommunikation" tätig. Sie ist Mitglied der Fachredaktion bei DER FALKE.

Brandseeschwalbenkolonie auf Hallig Norderoog, Schutzgebiet des Vereins Jordsand seit 1909.
Foto: B. Hälterlein/LKN.SH. 10.6.2020.

VOGELGRIPPE:

Gefahr für See- und Küstenvögel

Zu einem Massensterben von vielen Tausend Wasservögeln kam es in Norddeutschland zwischen 1982 und 1995 zum Beispiel an der Unterelbe, im Dithmarscher Wattenmeer und am Dollart durch Botulismus-Ausbrüche, verursacht durch ein extremes Bakterientoxin. Seit 2020 fordert nun das Vogelgrippevirus in ähnlichem Umfang Opfer unter verschiedenen Arten von Küsten- und Seevögeln.

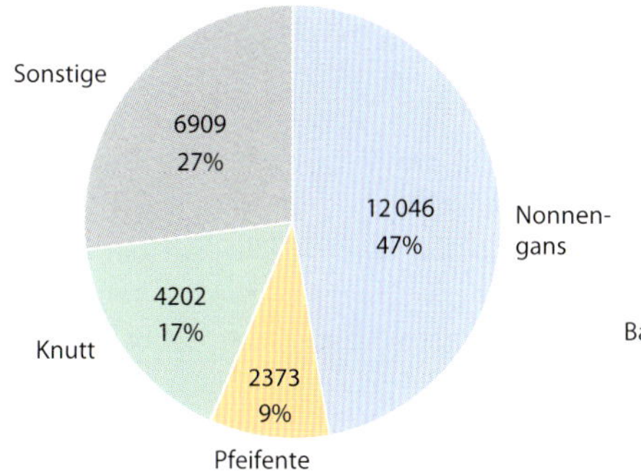

Mutmaßliche Vogelgrippeopfer an der schleswig-holsteinischen Nordseeküste in den Wintern 2020/2021 und 2021/2022 (n = 25 530; ohne Trottellummen).

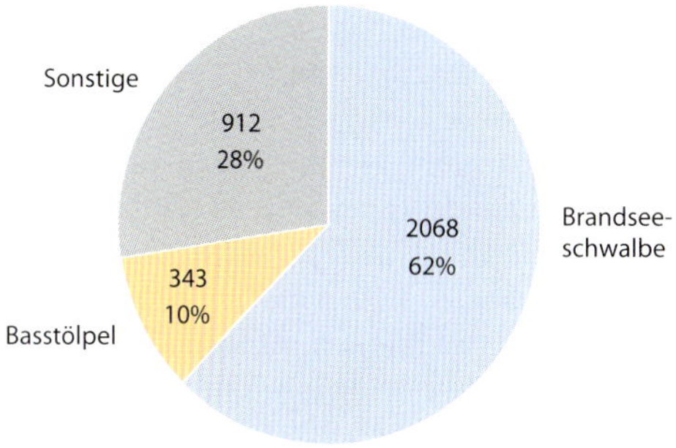

Mutmaßliche Vogelgrippeopfer an der schleswig-holsteinischen Nordseeküste in der Brutzeit 2022 (n = 3323).

Als „Geflügelpest“ ist die Vogelgrippe oder „Aviäre Influenza“ (AI, wie bei den für Menschen relevanten Grippeviren des Typs A) seit fast 150 Jahren bekannt. Nach Ausbrüchen in den 1930er-Jahren in Asien, Amerika und Europa kam es ab den 1980er-Jahren vermehrt zu Problemen in der kommerziellen Geflügelhaltung und zur vorbeugenden Tötung von vielen Millionen von Vögeln. Auch bei Wildvögeln sind Vogelgrippeviren vermutlich schon lange weltweit verbreitet. 1961 gab es in Südafrika bereits einen Vogelgrippeausbruch bei Seeschwalben. Ganz überwiegend handelt es sich aber in Wildvogelpopulationen um gering pathogene Varianten (LPAI), die nicht zu schweren Krankheitsverläufen oder zum Tode führen. Durch Mutationen können sich aus gering pathogenen aber schnell hochpathogene Viren (HPAI) entwickeln, wobei von den 18 Hämagglutinin-Untertypen und 11 Neuraminidase-Untertypen insbesondere H5 und H7 relevant sind, zum Beispiel H5N1 (hier sind einzelne Subtypen auch auf Menschen übertragbar, die seit 1996 besonders in Ostasien zu einigen Todesfällen führten) und H5N8. Experten sind sich heute weitgehend einig, dass die gefährlichen HPAI-Viren in der Regel in Massentierhaltungen entstehen, wo wegen der großen Haltungsdichte Krankheitserreger rasch übertragen werden können. Von dort gelangen diese dann wieder in die Umwelt und finden über den weltweiten Handel und Tourismus, durch Transporte von Geflügel, Geflügelprodukten und Abfällen, aber auch durch Wildvögel als Überträger weite Verbreitung. Verschiedene Virentypen wirken sehr artspezifisch. So können zum Beispiel Wasservögel mehr oder weniger symptomfrei bleiben und weite Zugstrecken zurücklegen, dieselben Virustypen bei anderen Arten, zum Beispiel bei Hühnervögeln, jedoch innerhalb kürzester Zeit zum Tode führen.

Ausbruch bei Wildvögeln an der Ostseeküste

Das aktuelle HPAI-Virus entstand 1996 in China und verbreitete sich über die schnell wachsenden Geflügelpopulationen in Asien, bis es schließlich im Jahr 2005 mit einem Wasservogelsterben am Qinghai-See in China auch auf Wildvögel übergriff. Der erste größere Vogelgrippe-Ausbruch bei Wildvögeln in Deutschland wurde mit einem H5N1-Virustyp Mitte Februar 2006 an der Ostseeküste im Kreis Vorpommern-Rügen festgestellt. In der damaligen Kälteperiode hatten sich Wasservögel in hoher Dichte an den wenigen eisfreien Stellen konzentriert. Insgesamt wurden 2006 in Mecklenburg-Vorpommern 194 Wildvögel positiv getestet und es muss hier von mehr als 5000 Wildvogelopfern ausgegangen werden. Deutschlandweit gab es weitere Fälle, insbesondere in Bayern und Schleswig-Holstein, jedoch nicht an der Nordseeküste. Die Mehrzahl der nachgewiesenen Vogelgrippefälle betraf 2006 Höckerschwäne.

Nachdem es 2007 noch einen Ausbruch bei Schwarzhalstauchern mit fast 300 Opfern im Bereich des Stausees Kelbra in Sachsen-Anhalt/Thüringen gab, trat erst fast zehn Jahre danach die nächste Welle in Deutschland auf. 2016/2017, im Wesentlichen von November bis April, gab es Nachweise aus allen Bundesländern. Besonders stark betroffen waren Baden-Württemberg und Bayern mit dem Bodenseeraum (446 nachgewiesene Fälle, geschätzt mindestens 1000 Opfer) und die Seenplatte Schleswig-Holsteins mit dem Plöner See. Stark betroffen waren diesmal, besonders in der Anfangsphase, „Wildenten“ mit 430 Nachweisen (zumeist Tauchenten, insbesondere Reiherenten). Eine Häufung von Totfunden im deutschen Wattenmeerbereich wurde wiederum nicht festgestellt.

Relativ gut dokumentiert wurde 2016/2017 ein Ausbruch durch einen H5N8-Virustyp, der seinen Ursprung vermutlich wieder in China hatte, in den Niederlanden, wo bereits 2014/2015 Fälle zu

Rachentupfer-Beprobung einer toten Nonnengans an der nordfriesischen Küste zwecks Testung auf Vogelgrippe. Foto: Foto-SH.de/LKN.SH. 13.11.2020.

verzeichnen waren. Lag der Schwerpunkt zunächst im November im Bereich südlich des Ijsselmeeres verlagerte sich das Geschehen im Dezember Richtung Nordseeküste und Wattenmeer. Unter etwa 13600 dokumentierten toten Wildvögeln dominierten zunächst wieder Reiherenten und später Pfeifenten. Etwa 5 % der niederländischen Überwinterungspopulation dieser Arten, lokal bis zu 25 %, starben.

2020/2021 gab es dann wieder Ausbrüche in allen deutschen Bundesländern und in 28 Ländern Europas. Dramatisch wurde es im November 2020 an der deutschen Nordseeküste. Besonders an den Deichen Nordfrieslands mussten die Rangerinnen und Ranger der Nationalparkverwaltung Schleswig-Holsteinisches Wattenmeer zu dieser Zeit bei Kontrollen in voller Schutzausrüstung täglich Hunderte toter Vögel einsammeln, der Tierkörperbeseitigung zuführen und Proben zur Untersuchung der Todesursache nehmen. Nonnengänse machten fast die Hälfte der Kadaver aus, Pfeifenten knapp 10 %. Ein Sonderfall war Mitte Dezember 2020 das Auftreten von über 4000 toten und sterbenden Knutts bei Nordstrand innerhalb weniger Tage. Im Gegensatz zu den sonst betroffenen Wasservogelarten war hier mit H5N3 ein anderer Virustyp verantwortlich. Die aus Grönland und Kanada stammenden und im Wattenmeer überwinternden Knutts stellten damit knapp ein Viertel aller im Winter 2020/2021 gefundenen Vögel. Ihre Bergung stellte für die Rangerinnen und Ranger eine besondere physische wie psychische Belastung dar. Verschiedene Limikolenarten und Möwen waren in relativ geringen Zahlen vertreten, obwohl die Kadaver zum Beispiel von Mantelmöwen sehr intensiv genutzt wurden. Unter den Greifvögeln war der Wanderfalke stark überproportional betroffen. Um den Jahreswechsel gingen die Fallzahlen stark zurück, einzelne Vogelgrippeopfer wurden noch bis Ende April gefunden. Die Gesamtstrecke belief sich im Winter 2020/2021 allein in Schleswig-Holstein auf über 17000 Wat- und Wasservögel.

Im Folgewinter 2021/2022 wiederholte sich das Geschehen auf etwas niedrigerem Niveau. Unter gut 8000 registrierten Opfern (außerdem über 1600 Trottellummen, bei denen nicht von Vogelgrippe als Todesursache ausgegangen wurde) waren Nonnengänse wieder mit 50 % und Pfeifenten mit knapp 10 % vertreten. Im dritten Winter, 2022/2023, kam es dann nur noch zu geringen Opferzahlen.

Während für die russisch-sibirischen Nonnengänse sicher keine schwerwiegenden Auswirkungen auf Populationsebene zu erwarten sind, sieht es für die Spitzbergenpopulation ganz anders aus. Im Winter 2021/2022 wurde die Zahl der in Großbritannien überwinternden Spitzbergen-Nonnengänse durch die Vogelgrippeausbrüche auf nur noch 38 % der ursprünglichen Bestandsgröße reduziert.

Vogelgrippeviren können gerade bei kälteren Temperaturen lange überleben, auch im Freiland mehrere Monate. Bis zum Mai 2022 war Vogelgrippe bei Wildvögeln ein Winterphänomen und während der Brutzeit kein Thema. In den ersten Maitagen 2022 wurde die Vogelgrippe dann in der kleinen Brandseeschwalbenkolonie auf Langenwerder an der Ostseeküste Mecklenburg-Vorpommerns nachgewiesen. Bis Mitte Juni wurden 201 tote Altvögel gefunden und es wird davon ausgegangen, dass 40 bis 60 % des Brutbestandes starben, ebenso die allermeisten Küken der verbliebenen Paare. Auch in einer Kormorankolonie an der Küste Mecklenburg-Vorpommerns waren hohe Vogelgrippeverluste feststellbar.

Bei der Kontrolle der Brandseeschwalbenkolonie auf Hallig Norderoog am 23./24. Juli 2022 bot sich ein trauriges Bild mit Massen von Vogelgrippeopfern. Foto: B. Hälterlein/LKN.SH.

Brandseeschwalben an der Nordseeküste betroffen

Wenig später überschlugen sich dann die Hiobsbotschaften aus den großen Brandseeschwalbenkolonien der Nordseeküste, zunächst aus Nordwest-Frankreich und den Niederlanden, dann Anfang Juni 2022 auch aus dem deutschen Wattenmeer. Hier waren die Kolonien auf Minsener Oog und Neuwerk im niedersächsischen und hamburgischen Teil besonders stark betroffen. Altvögel starben sehr schnell in hoher Zahl und viele verwaiste Küken verhungerten,

Brandseeschwalben brüten in großen Kolonien dicht an dicht, was eine schnelle Ausbreitung bei auftretenden Vogelgrippefällen stark begünstigt. Foto: B. Hälterlein/LKN.SH. Hallig Norderoog, 5.6.2022.

allein auf Minsener Oog waren mindestens 2967 adulte und 2807 juvenile Vögel betroffen. Etwas anders verlief die Entwicklung auf Hallig Norderoog in Nordfriesland. Während auf Minsener Oog die meisten Vögel in der zweiten Junihälfte starben, gab es in dieser Zeit auf Norderoog nur relativ wenige Opfer. Anfang Juli kam es hier dann zu einer rasant zunehmenden Kükensterblichkeit, die hier direkt auf die Vogelgrippe und nicht auf Verhungern nach dem Tod von Altvögeln zurückzuführen war und mit mindestens 2900 toten Jungvögeln zu einem weitgehenden Brutausfall führte. Die meisten Altvögel auf Norderoog starben erst in der zweiten Julidekade, nachdem es kurz zuvor noch eine späte Neuansiedlung von gut 1000 Brutpaaren gegeben hatte. Wie eine Vielzahl beringter Vögel unter den Totfunden in dieser Teilkolonie zeigte, stammten viele von ihnen aus den Niederlanden, sind mutmaßlich nach Brutaufgabe in stark von der Vogelgrippe betroffenen niederländischen Kolonien nach Norderoog umgesiedelt und haben hier zu einer Verschärfung der Situation geführt. Insgesamt lag die in der Kolonie festgestellte Altvogelsterblichkeit auf Norderoog mit etwa 650 Exemplaren aber nur bei 5 %, während im westlichen Wattenmeer deutlich höhere Anteile der Brutvögel starben, auf Minsener Oog fast ein Drittel und auf Neuwerk sogar weit mehr als die Hälfte. Viele Brandseeschwalben ziehen nach dem Flüggewerden der Jungen an die westjütische Küste in Dänemark bevor sie in die west- und südafrikanischen Überwinterungsgebiete aufbrechen. Bei Erfassungen in der Nachbrutzeit auf der Insel Fanø werden in anderen Jahren häufig Jungvogelanteile von 30 bis 40 % festgestellt, 2022 dagegen nur etwa 10 %. Der Bruterfolg war im Vogelgrippejahr 2022 offenbar in vielen Kolonien sehr gering.

2022 wurden in 66 Kolonien in Nordwesteuropa insgesamt über 20 000 adulte Brandseeschwalben tot aufgefunden, was mehr als 17 % der nordwesteuropäischen Brutpopulation entspricht. Die Verluste sind wahrscheinlich sogar noch deutlich höher, da nicht alle Vögel in den Kolonien verendeten und sicher viele Opfer nicht gefunden wurden. Rund um die Nordsee erlitten beinahe alle Kolonien Verluste, während Kolonien im Westen Großbritanniens, in Irland und im Baltikum verschont blieben. In den afrikanischen Überwinterungsgebieten und auf dem Heimzug 2023 kam es zu weiteren Verlusten. So waren im März/April 2023 im Senegal und in Gambia neben anderen Seeschwalbenarten, Graukopfmöwen und Kormoranen auch Tausende Brandseeschwalben von Vogelgrippeausbrüchen betroffen.

Basstölpel waren 2022 zunächst in Island und Großbritannien, später auch auf Helgoland stark von der Vogelgrippe betroffen. Foto: B. Hälterlein. Nordostisland, 11.5.2023.

Daher stellte sich die bange Frage, wie viele Brandseeschwalben 2023 in die Kolonien zurückkehren würden und ob es erneut zu hohen Verlusten kommen würde. Der Brutbestand der Brandseeschwalbe im deutschen Wattenmeer lag im Jahr 2023 bei 7447 Brutpaaren. Dies entspricht einem Bestandsrückgang um 41 % im Vergleich zum Vorjahr. Infektionen mit HPAI (H5N1) konnten bei einzelnen Vögeln wieder nachgewiesen werden, eine hohe Sterblichkeit konnte jedoch weder bei Alt- noch bei Jungvögeln beobachtet werden. Blutproben von Altvögeln zeigten, dass bei vielen Tieren und auch in den Eiern Antikörper vorhanden waren und viele erwachsenen Tiere gegen den aktuellen Virustyp immun zu sein schienen. Zu größeren Kükensterben kam es jedoch in einigen Kolonien in Belgien, den Niederlanden und Ostengland, in gewissem Umfang auch in Dänemark. Möglicherweise sind die mütterlichen Antikörper bei den Küken nur kurze Zeit wirksam.

Flussseeschwalben waren 2022 in einigen Kolonien ähnlich stark betroffen wie die Brandseeschwalbe, so am Banter See in Wilhelmshaven (FALKE 2022, H. 10), wo die Vögel auf den Pontons in ähnlicher Dichte wie sonst nur Brandseeschwalben brüten, sowie auf Minsener Oog. Die Altvogelmortalität lag in diesen beiden Gebieten bei 37 % (510 Altvögel, außerdem 1350 Jungvögel) bzw. 46 %. In Schleswig-Holstein waren bei Flussseeschwalben im Neufelderkoog-Vorland an der Elbmündung dagegen in der großen, aber sehr weitläufigen Kolonie mit weiten Nestabständen nur sehr geringe und auf Norderoog und in anderen Gebieten keine Verluste zu verzeichnen. 2023 wurden auch an der Elbmündung und an der Eidermündung einige Hundert Vogelgrippeopfer unter den Flussseeschwalben gefunden. Am Banter See gab es einen weiteren, im Vergleich zum Vorjahr etwas schwächeren Ausbruch (mit 110 Exemplaren 10 bis 15 % der Altvögel, 663 Jungvögel). Weitere Gebiete im Wattenmeer und im Nordseeraum sowie in Wales und Nordirland waren mehr oder weniger stark betroffen, neben Fluss- in bisher geringerem Umfang auch Küstenseeschwalben. Die sehr seltene Rosenseeschwalbe erlitt auf Coquet Island in England ebenfalls massive Verluste in Höhe von 50 bis 60 % an Alt- und Jungvögeln.

Nestabstände sind entscheidende Faktoren

Basstölpel nutzen andere Nistplätze und haben eine andere Ernährungsweise als

Tote Basstölpel werden gelegentlich an den Stränden der Nordfriesischen Inseln angespült, während der Vogelgrippeausbrüche im Sommer 2022 stiegen die Zahlen rasant an. Foto: B. Hälterlein. Amrum. 6.8.2016.

Skuas gehörten bereits 2021 zu den ersten Seevögeln, bei denen es zu Vogelgrippe-Verlusten in den Brutkolonien kam, extrem stark dann 2022 zum Beispiel auf den Shetlandinseln. Foto: B. Hälterlein. Südisland, 2.6.2016.

Seeschwalben, die Nestabstände in den Brutkolonien sind aber ebenfalls sehr gering – offenbar ein entscheidender Faktor für größere Vogelgrippeausbrüche. Bereits Mitte April 2022 wurde in Island in der Brutkolonie auf der Insel Eldey ein großes Altvogelsterben festgestellt. Es folgten verheerende Ausbrüche in Großbritannien, so auf den Shetlandinseln und auf Bass Rock. Ab Anfang Juni wurden an der deutschen Nordseeküste, zum Beispiel an den Stränden von Sylt und Amrum, in großer Zahl tote Basstölpel angespült. Ende Juli wurden bei Zählungen vom Flugzeug aus vor der schleswig-holsteinischen Nordseeküste etwa sieben tote, treibende Basstölpel pro 100 km^2 erfasst. In der einzigen deutschen Brutkolonie auf der Insel Helgoland starben im Juli 2022 einige Hundert Altvögel und fast die Hälfte der Jungvögel, etwa 700. Ende des Monats bot sich das traurige Bild einer sehr stark ausgedünnten Kolonie und der Bruterfolg lag im Endeffekt bei nur 0,14 flüggen Küken pro Brutpaar gegenüber einem langjährigen Mittelwert von 0,6. Der Helgoländer Brutbestand ist 2023 auf knapp 900 Paare gegenüber 1485 Paaren im Vorjahr gesunken.

Erste Vogelgrippeopfer unter Skuas wurden schon im Juli 2021 in Brutkolonien auf Fair Isle (Shetlandinseln) und auf Jan Mayen (norwegische Arktis) gefunden, etwas später traten Fälle auf Färöer auf. In der Brutzeit 2022 erreichte das Geschehen bei dieser Art in Norwegen und vor allem in Schottland ein Ausmaß, das die Populationen langfristig beeinträchtigen wird. Allein auf Foula (Shetlandinseln) wurden etwa 1400 tote Altvögel gefunden, ein Aderlass von 60 bis 70 % der dortigen Brutpopulation. Eine besondere Rolle bei der Übertragung des Virus spielten hier offensichtlich kleine Süßwasserbereiche, die zum Baden und Trinken genutzt werden. Durch intensiven Kontakt zwischen den Vögeln und unter anderem auch über den Kot der Vögel kann es zur Anreicherung von Viren in den Gewässern kommen.

Im Januar 2021 wurde H5N1 als Todesursache bei Pelikanen im Djoudj-Nationalpark festgestellt (mindestens 750 Opfer, fast alles Jungvögel) nachdem es im Senegal zuvor schon Ausbrüche in der Geflügelhaltung gegeben hatte. Zwischen Februar und April 2022 wurden in der weltweit größten Krauskopfpelikankolonie am Prespasee in Griechenland 1734 tote Altvögel gefunden, circa 58 bis 67 % der Kolonie. Im Dezember 2021 starben im Hula-Tal in Israel durch die Vogelgrippe mindestens 5200 von etwa 30 000 dort überwinternden Kranichen, die dort durch Ablenkfütterungen mit Mais, (diese dienen primär dem Kranichschutz, indem sie den Kranichen eine störungsfreie Nahrungsfläche bieten), stark konzentriert auftreten.

Lachmöwen waren in der Brutzeit 2022 nur in relativ geringem Umfang von Vogelgrippe betroffen, auch in unmittelbarer Nachbarschaft zu den Brandseeschwalben auf Hallig Norderoog. Die Situation bei dieser Art änderte sich bereits Ende des

2023 waren Lachmöwen in vielen Teilen Europas am stärksten von der Vogelgrippe betroffen, so auch am Eidersperrwerk bei Tönning. Foto: B. Hälterlein. 6.5.2008.

Einige Trottellummenkolonien an Nord- und Ostsee waren schon 2022 von Vogelgrippe betroffen; auf Helgoland starben in den eng besetzten Felsbändern 2023 zahlreiche Jungvögel.
Foto: B. Hälterlein. Látrabjarg/Nordwestisland, 10.6.2016.

Jahres 2022 als zunächst in Frankreich und bald danach in verschiedenen anderen europäischen Ländern stark vermehrt tote Lachmöwen gefunden wurden, bei denen Vogelgrippe über die üblichen Schleimhautabstriche zunächst nicht nachweisbar war, sehr wohl aber über Organ-, insbesondere Gehirnproben. In der Folge waren Lachmöwen in der Brutzeit 2023 die am stärksten von Vogelgrippe betroffene Art. So starben zum Beispiel in Bayern, Baden-Württemberg, Nordrhein-Westfalen und Sachsen schon früh zahlreiche Altvögel, in geringerem Umfang auch Schwarzkopfmöwen. An der Nordseeküste kam es dagegen erst gegen Ende der Brutzeit zu großen Verlusten. Am Eidersperrwerk bei Tönning wurden zum Beispiel Ende Juni/Anfang Juli mindestens 2600 Lachmöwen Opfer der Vogelgrippe. Es waren zu 95 % Jungvögel, die Altvögel hatten hier wahrscheinlich nach Viruskontakten im Vorjahr eine gewisse Immunität. Einige Hundert tote Lachmöwen wurden in der Brutzeit 2023 auch im Neufelderkoog-Vorland an der Elbmündung und an der niedersächsischen Küste im Bereich der Leybucht gefunden.

Auf Helgoland waren es 2023 nicht wieder Basstölpel, sondern Trottellummen (mindestens 670 Jung- und 39 Alttiere), die stark betroffen waren. In anderen Regionen, zum Beispiel auf den Farne Islands und Coquet Island in England sowie in Schottland, gab es bei Lummen und auch Papageitauchern bereits 2022 in gewissem Umfang Ausfälle in den Brutkolonien bei Alt- und Jungvögeln nachdem schon im Januar HPAI bei einer Trottellumme nachgewiesen worden war. Unter Trottellummen und Tordalken gab es 2022 auch im Bereich der Ostsee zahlreiche Vogelgrippeopfer, so auf Gotland in Schweden.

Ähnlich wie in Europa war der HPAI-Verlauf mit H5N1 bei Basstölpeln in Nordamerika, wo im Bereich der beiden größten Kolonien 2022 über 20 000 Vögel starben und 2023 zwar wieder viele Vögel mit dunkler Iris als Anzeichen für eine Infektion mit dem Virus beobachtet, aber keine erhöhten Mortalitäten festgestellt wurden. Allerdings erreichte der Seuchenzug im Oktober 2022 Südamerika und in Peru wurden neben Pelikanen und Kormoranen in großer Zahl Guanotölpel Opfer der Vogelgrippe. Insgesamt wurden bisher allein in Peru viele 100 000 Wildvogelopfer registriert, darunter auch Pinguine.

Dramatisches Massensterben in Norwegen

Der vorerst letzte Akt mit dramatischem Massensterben spielte sich in Europa Ende Juli 2023 in Nordnorwegen im Bereich der Finnmark und der Varanger-Halbinsel ab, wo 25 000 überwiegend adulte Dreizehenmöwen unter anderem an den Schlafplätzen auf Dächern in den Ortschaften tot gefunden wurden und die Population damit auf etwa die Hälfte reduziert wurde.

Es kamen in letzter Zeit immer neue von größeren Vogelgrippeausbrüchen betroffene Vogelarten hinzu. So wurde auf der Insel Trischen im Dithmarscher Wattenmeer 2022 auch in der dortigen Löfflerkolonie eine ungewöhnliche Jungvogelsterblichkeit festgestellt und auch bei dieser Art HPAI nachgewiesen. Bis vor einigen Jahren ging man aufgrund der bisherigen Erfahrungen davon aus, dass hauptsächlich Enten, Gänse und Schwäne sowie Aasfresser durch Vogelgrippe gefährdet

Knutts erwischte die Vogelgrippe kurz, aber heftig; im Dezember 2020 starben binnen einer Woche bei Nordstrand erwa 4000 Vögel.
Foto: B. Hälterlein. 19.12.2020.

sein könnten und konnte sich dies bei manchen anderen Arten kaum vorstellen. Heute muss man davon ausgehen, dass nicht nur theoretisch, sondern auch praktisch alle Arten und ganz besonders koloniebrütende und in dichten Schwärmen auftretende Küsten- und Seevögel von Vogelgrippe betroffen sein können. Zu Massensterben bei einer Art wird es aber vermutlich nur in einzelnen Jahren und nicht über längere Zeiträume kommen, da sich gegenüber dem jeweiligen Virustyp offenbar für längere oder kürzere Zeiträume gewisse Immunitäten entwickeln können. So waren in den letzten Jahren die besonders stark von Vogelgrippe betroffenen Arten sehr verschieden. Prognosen, wann und wo welche Art von einem Massensterben betroffen sein wird, sind sicher kaum möglich.

Impfungen gegen Vogelgrippe sind möglich, werden aber bisher auch in der Geflügelindustrie nicht eingesetzt und sind bei größeren Wildvogelpopulationen praktisch nicht praktikabel. Ornithologen, Vogelschützer und Naturschutzverbände, Schutzgebietsbetreuer und zuständige Naturschutz- und Veterinärbehörden stehen Vogelgrippeausbrüchen heute nahezu komplett hilflos gegenüber. Effektive Vorbeugungs- und Eindämmungsmaßnahmen sind kaum möglich. Große Bedeutung hat aber in jedem Fall die genaue Beobachtung von See- und Küstenvogelkolonien bereits in der Ansiedlungs- und Bebrütungsphase und noch verstärkt in der Kükenaufzuchtphase, um das Auftreten erster erkrankter oder toter Vögel sofort erkennen zu können. Diese umgehend zu entfernen, ist sicherlich die effektivste Möglichkeit, Massensterben vorzubeugen. Nach Beginn eines Ausbruchs, bei dem bereits hohe tägliche Opferzahlen anfallen, die nur mit sehr hohem Aufwand und erheblichen Störungen entfernt werden können, sind die Vor- und Nachteile jedoch genau abzuwägen, da eine solche Vorgehensweise dann auch kontraproduktiv sein kann, wenn infizierte Vögel vergrämt werden, weit umherstreifen und zur verstärkten Virusverbreitung beitragen.

Bei den hier betroffenen, sehr langlebigen Arten mit geringer jährlicher Reproduktion sind die Folgen von Vogelgrippe-Ausbrüchen mit hohen Altvogelverlusten in Verbindung mit anderen gravierenden Faktoren besonders schwerwiegend. Dazu zählen zum Beispiel der Klimawandel,

Vogelgrippe erreicht im Oktober 2023 die antarktische Region: Pinguinkolonien in Gefahr?

Ozeanien (Australien, Neuseeland) und die Antarktis waren bis zum 23. Oktober 2023 die einzigen Kontinente, die frei von hochpathogenen Stämmen der Vogelgrippe (HPAI) bei Wildvögeln waren.

In Südamerika sind bis heute allein in Peru und Chile über 500 000 Seevögel und über 20 000 Seelöwen an HPAI H5N1 gestorben. Das Virus hat sich in kürzester Zeit an der Pazifikküste bis Feuerland im Süden und auch an der Atlantikküste Argentiniens ausgebreitet.

Der erste bestätigte Fall in der Subantarktis betraf nun auf Bird Island/Südgeorgien eine Braune Skua. Ein Silbersturmvogel wurde ebenfalls positiv getestet, weitere Tests, unter anderem bei Dominikanermöwen, laufen.

Angesichts der dichten Brutkolonien von Wildtieren in der Antarktis und Subantarktis wird erwartet, dass HPAI verheerende Auswirkungen auf die Tierwelt in der Region haben wird. Da Pinguine in Südamerika und Südafrika bereits betroffen waren, müssen bei Einschleppung des Virus in antarktische Pinguinkolonien massive Folgen befürchtet werden, ebenso für seltene Albatrosarten.

Wissenschaft und Verwaltung sind in diesem Fall zumindest gut vorbereitet. Bereits im September 2023 wurde eine umfassende Risikobewertung mit Verhaltensleitlinien und einem Monitoringkonzept vorgelegt, um eine mögliche Ausbreitung unter anderem mittels Drohneneinsatz zu überwachen und die Auswirkungen auf Wildtierpopulationen besser zu verstehen.

Quellen:

British Antarctic Survey/Natural Environment Research Council, www.bas.ac.uk
Scientific Committee on Antarctic Research (SCAR), www.scar.org

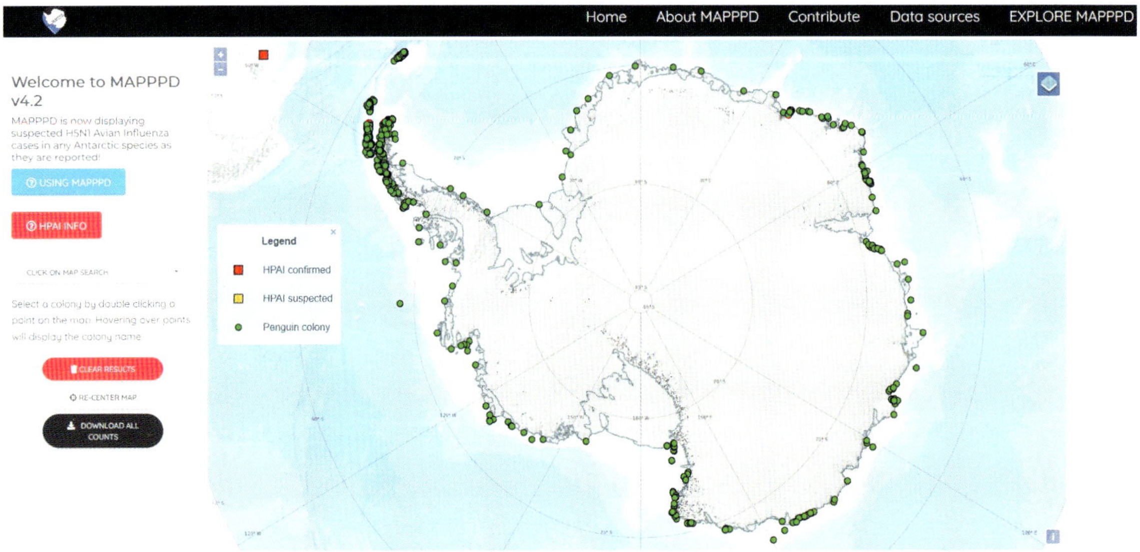

Erste Vogelgrippe-Nachweise in der Subantarktis (Bird Island, rotes Quadrat oben links) geben unter anderem Anlass zur Sorge um die antarktischen Pinguinkolonien (grüne Punkte).

Quelle: www.penguinmap.com/mapppd

Ein besonders großes Massensterben von Dreizehenmöwen trat im Juli 2023 auf der Varanger-Halbinsel in Nordnorwegen auf. Foto: B. Hälterlein. Borgarfjörður/Ostisland, 23.5.2018.

schlechte Nahrungsverfügbarkeit und starker Prädationsdruck durch Landraubtiere und Wanderratten, von denen viele Küsten- und Seevogelkolonien besonders am Festland, aber inzwischen auch auf vielen Inseln und Halligen, zunehmend betroffen sind. Daher kommt weiteren Forschungen zu Quellen und Übertragungswegen, Inkubationszeiten, wirksamer Eindämmung und Immunität hohe Bedeutung zu.

Um den Schutz der Brutkolonien zu verbessern und den Erhalt der Brandseeschwalbe als Brutvogel im Wattenmeer zu sichern, wurde deshalb im Rahmen des neuen nationalen Artenhilfsprogramms von den deutschen Nationalparkverwaltungen eine Machbarkeitsstudie begonnen, die unter anderem ein intensives, kameragestütztes Monitoring der Koloniestandorte während der Brutzeit beinhaltet, welches die Grundlage für die frühzeitige Erkennung und möglicherweise Eindämmung von lokalen HPAI-Ausbrüchen bildet. Darüber hinaus erlaubt der Einsatz von Überwachungskameras (Videokameras mit Fernsteuerungsmöglichkeit) innerhalb der Kolonien ein nahezu störungsfreies Monitoring der Ursachen von Gelege- und Kükenverlusten, beispielsweise durch Prädation oder Hochwasser. So können unvermeidbare Beeinträchtigungen des Erhaltungszustandes der See- und Küstenvogelbestände durch Vogelgrippeausbrüche möglicherweise durch Verbesserungen in anderen Bereichen etwas abgemildert werden, zum Beispiel durch eine konsequente Bekämpfung von Wanderratten und Landraubtieren auf Inseln und Halligen, die natürlicherweise frei von diesen Prädatoren sein müssten.

Landwirtschafts- und Ernährungspolitik muss sich ändern

Grundsätzlich fordern verantwortungsbewusste Veterinärwissenschaftler im Zusammenhang mit der Vogelgrippe (und anderen Tierseuchen) heute ein schnelles Umdenken in der Landwirtschafts- und Ernährungspolitik, eine Verringerung der Größe der Viehbestände und der Dichte der landwirtschaftlichen Betriebe, die Begrenzung der Tiertransporte zwischen den Betrieben und die Einschränkung der Kontakte zwischen Nutztieren und verwandten Wildtieren sowie eine weitreichende Umstellung der menschlichen Ernährung von tierischen auf pflanzliche Proteine.

„In Bezug auf HPAI bedeutet dies kurzfristig eine genaue Überwachung des Virus und der damit verbundenen Mortalität bei Wildvögeln sowie gegebenenfalls die koordinierte Beseitigung infizierter Wildvogelkadaver aus den betroffenen Gebieten, um die Verbreitung des Virus zu begrenzen. Zu den langfristigen Empfehlungen gehören ein verstärkter Schutz von See- und Wasservogelgebieten, die Impfung von Geflügel gegen HPAI, die Verringerung der Größe und Dichte von Geflügelfarmen und die Vermeidung von Wasservogelgebieten als Standort für Geflügelfarmen. Der Ausbruch von HPAI bei Seevögeln ist eine Warnung, die verheerende Folgen haben kann, wenn sie nicht beachtet wird.“ (Thijs Kuiken & Ruth Cromie 2022).

Bernd Hälterlein

Literatur zum Thema

Bregnballe T, Meise K, Packmor F 2023 Management guidelines – Mitigation and data collection strategies for avian influenza in bird colonies in the Wadden Sea. Version 2.0.2. Common Wadden Sea Secretariat, Wilhelmshaven, Germany. www.waddensea-worldheritage.org/sites/default/files/2023_Avian%20flu%20management%20guidelines_vers2.pdf

CMS FAO co-convened Scientific Task Force on Avian Influenza and Wild Birds 2023: H5N1 High pathogenicity avian influenza in wild birds – Unprecedented conservation impacts and urgent needs. www.cms.int/sites/default/files/publication/avian_influenza_2023_aug.pdf

EFSA (European Food Safety Authority) et al. 2023: Avian influenza overview June–September 2023. EFSA Journal 2023;21(10): 8328. https://doi.org/10.2903/j.efsa.2023.8328 (regelmäßig aktueller Über-blick zur Situation in Europa)

Kleyheeg E et al. 2017: Deaths among Wild Birds during HighlyPathogenic Avian Influenza A (H5N8) Virus Outbreak, the Netherlands. Emerging Infectious Diseases 23 (12): 2050-2054. https://doi.org/10.3201/eid2312.171086

Kuiken T, Cromie R 2022: Protect wildlife from livestock diseases. – Science 378 (6615). https://doi.org/10.1126/science.adf0956

Pohlmann A et al. 2023: Mass mortality among colony-breeding seabirds in the German Wadden Sea in 2022 due to at least two regionally circulating, distinct genotypes of HPAIV H5N1 clade 2.3.4.4b. Journal of General Virology 2023; 104: 001834: 1-8. https://doi.org/10.1099/jgv.0.001834

Bernd Hälterlein arbeitet seit 1990 als Ornithologe in der Nationalparkverwaltung Schleswig-Holsteinisches Wattenmeer, ist ehrenamtlich seit 2005 Vorsitzender der Ornithologischen Arbeitsgemeinschaft für Schleswig-Holstein und Hamburg (OAGSH), war von 2011 bis 2022 Vorsitzender des Dachverbandes Deutscher Avifaunisten (DDA) und ist leidenschaftlicher Möwenberinger und Farbringableser.

Brandseeschwalbenpaar vor der Brutzeit bei der gemeinsamen Rast.
Foto: K. Dinkla. Niedersachsen, 4.5.2013.

SEEVOGELKOLONIEN IN ZEITEN DER VOGELGRIPPE:

Die Lage bei Brandseeschwalbe und Co.

Im Frühjahr/Sommer 2022 kam es zum ersten Mal zu einem Ausbruch der hochpathogenen aviären Influenza (HPAI) in den Brutkolonien verschiedener Seevogelarten im nordwestlichen Europa. Zuvor blieben Ausbrüche der HPAI zumeist auf die Herbst- und Winterzeit beschränkt und stellten somit für Koloniebrüter des Nord- und Ostseeraumes keine besondere Gefahr dar. Dies hat sich seit der Brutsaison 2022 drastisch geändert, und es muss davon ausgegangen werden, dass die HPAI langfristig ein bedeutender Gefährdungsfaktor für Seevögel im nordwestlichen Europa sein wird. Im Bereich des Wattenmeeres war die Brandseeschwalbe besonders stark vom Ausbruch der HPAI in der Brutsaison 2022 betroffen und in vielen Brutkolonien gab es eine hohe Sterblichkeit bei Altvögeln und Küken. Doch wie verlief nun die Brutsaison 2023 bei den Brandseeschwalben und anderen Seevögeln und lassen die Geschehnisse der vergangenen Monate eine Prognose für die Zukunft zu?

Die hochpathogene aviäre Influenza (HPAI), umgangssprachlich auch Vogelgrippe oder Geflügelpest genannt, ist eine Virusinfektion, an der vornehmlich Vögel erkranken und die bei vielen Arten mit einer sehr hohen Sterblichkeit einhergeht. Sie wird von Influenza-A-Viren verursacht. Vögel, insbesondere Wasservögel, können solche Influenza-A-Viren natürlicherweise in einer niedrigpathogenen Form (niedrigpathogene aviäre Influenza: NPAI) in sich tragen (zum Beispiel im Magen-Darm-Trakt und in den Atemwegen), zeigen dabei aber in der Regel keine oder nur sehr geringe Anzeichen einer Erkrankung. Viren verändern sich jedoch ständig durch zufällige Veränderungen, sogenannte Mutationen. Und so kann durch kleine Veränderungen aus einer niedrigpathogenen Form eine hochpathogene Form werden, mit der das Immunsystem der Vögel nicht zurechtkommt. Die moderne industrielle Geflügelhaltung, bei der viele Tiere auf engem Raum untergebracht sind, bietet dem Zufall hier zunehmend Gelegenheit. Die HPAI vom derzeit vorherrschenden Subtyp H5N1 entstand vermutlich Mitte der 1990er-Jahre in kommerziell gehaltenem Geflügel in Asien, mit dem ersten Nachweis in einer Gänsehaltung in der chinesischen Provinz Guangdong, nahe Hongkong. In den 2000er-Jahren verbreitete sich das Virus bis nach Europa und Nordafrika und wurde hier auch vermehrt in Wildvögeln nachgewiesen. In Deutschland erfuhr die HPAI erstmals im Februar 2006 überregional Aufmerksamkeit, als es vor der Insel Rügen zu einem Ausbruch mit mehr als 300 toten Höckerschwänen kam. Seit dieser Zeit kam es in Deutschland und anderen europäischen Ländern immer wieder zu Ausbrüchen der HPAI, bei denen unterschiedliche Subtypen vorherrschten. Betroffen waren meist Wasservögel, insbesondere unterschiedliche Gänse- und Entenarten, während der Herbst- und Winterzeit, das heißt in der typischen Grippesaison. Im Wattenmeer und in den angrenzenden Niederungen und Ästuaren waren die Winter der Jahre 2020/2021 und 2021/2022 durch große Ausbrüche der HPAI bei Gänsen (z. B. Weißwangengänse), Enten (z. B. Pfeifenten) und, lokal begrenzt, bei Watvögeln (Knutt) geprägt, wobei der Subtyp H5N1 bei den getesteten Vögeln klar dominierte. Im Frühjahr 2022 veränderte sich die Situation dann völlig. Anders als in den vorangegangenen Jahren nahm die Zahl der an der HPAI verstorbenen Vögel nicht mit dem beginnenden Frühjahr und der Abwanderung der nordischen Gänse in ihre Brutgebiete ab. Stattdessen verlagerte sich das Ausbruchsgeschehen auf koloniebrütende See- und Küstenvögel. In der Wattenmeerregion fielen hier die Lachmöwe, die Flussseeschwalbe und insbesondere die Brandseeschwalbe durch einen starken Anstieg der Sterblichkeit auf. An vielen Orten, sowohl auf den Inseln als auch an der Festlandsküste, wurden viele verendete Vögel in den Flutsäumen gefunden. Zudem wurden immer wieder erkrankte Vögel an den Stränden und Deichen beobachtet, welche typische Symptome einer fortgeschrittenen Infektion mit der HPAI, wie Gleichgewichtsstörungen und Kopfnicken, zeigten und meist kurz darauf verstarben. Die Beprobung der Kadaver durch die Veterinärbehörden brachte dann schnell die Gewissheit – die HPAI war in den Brutkolonien des Wattenmeeres angekommen. Wenig später nahm dann auch noch die Anzahl der tot aufgefundenen Basstölpel an der Wattenmeerküste stark zu. Durch einen weiteren Infektionsweg war das Virus auch in die Brutkolonie dieser Art auf Helgoland gelangt und die auf dem Meer verendeten Tiere wurden nun durch Wind und Strömung an die Küste transportiert.

Unter den Tausenden verendeten Vögeln, die in der Brutsaison 2022 im Wattenmeer gefunden wurden, war der hohe Anteil der Brandseeschwalben besonders auffällig. Allein im niedersächsischen Wattenmeer entfielen 75 % der Totfunde auf diese eine Art.

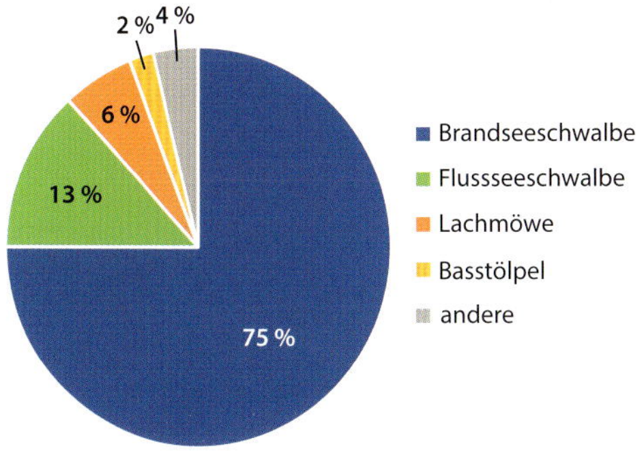

Totfunde im niedersächsischen Wattenmeer während der Brutzeit 2022 (n = 4707), welche höchstwahrscheinlich mit der HPAI in Verbindung stehen.

Die Brandseeschwalbe brütet im Wattenmeer in nur sehr wenigen Kolonien und damit räumlich ausgesprochen konzentriert. Die Koloniegrößen liegen zwischen einigen Dutzend bis zu mehreren Tausend Brutpaaren und können, durch Umsiedlungen von Vögeln, von Jahr zu Jahr an den einzelnen Koloniestandorten stark schwanken. Scheinbar unabhängig vom Standort und der Größe der Kolonie bevorzugt diese Art eine kompakte Koloniestruktur mit sehr geringen Abständen zwischen den Nestern. Meist sitzen die Nachbarn etwa 30 cm entfernt und sind deshalb nur knapp außerhalb ihrer Schnabelreichweite. Bei jeder Bewegung aus oder in die Kolonie kommt es somit zu intensi-

Verendete Brandseeschwalbe am Strand von Borkum im Juni 2022. Foto: F. Packmor.

Verendete Brandseeschwalben nahe der Brutkolonie auf Minsener Oog Ende Juli 2022. Fotos: G. Reichert.

ven Interaktionen zwischen den benachbarten Vögeln, denn wer auch immer in die besagte Schnabelreichweite kommt, wird nicht nur lautstark verwarnt, sondern auch mit gezielten Hieben attackiert und vertrieben. Zudem setzen die Vögel während der Brutzeit im Umfeld der Kolonie auch viel Kot ab. Aus unseren eigenen Erfahrungen aus der Corona-Pandemie wissen wir: Für die Ausbreitung einer neuen Viruserkrankung, zum Beispiel über Tröpfcheninfektion, scheinen die Bedingungen in diesem Szenario ideal.

Da Brandseeschwalben äußerst mobil sind, und die Kolonien, zum Beispiel durch Bewegungen von Prospektoren (junge, noch nicht brütende Vögel), in Kontakt stehen, gelangte die HPAI in der Brutzeit 2022 an viele unterschiedliche Koloniestandorte der nordwesteuropäischen Brutpopulation. In der Folge kam es, zeitlich gestaffelt, zu vielen lokalen Ausbrüchen, welche oft mit einem massiven Anstieg der Sterblichkeit einhergingen.

Im niedersächsischen Wattenmeer war insbesondere die Brandseeschwalbenkolonie auf Minsener Oog betroffen. Die ersten verendeten Altvögel wurden hier Ende Mai registriert. Die Beprobung der Kadaver bestätigte eine HPAI-Infektion. Während der Schlupfphase der Küken Anfang Juni nahm das Infektionsgeschehen und die damit verbundene Sterblichkeit bis in die zweite Junihälfte stetig zu. Der lokale Ausbruch der HPAI dauerte dann bis Mitte Juli an. Die traurige Bilanz auf Minsener Oog waren 2967 verendete Altvögel, die allein auf dieser Insel gefunden wurden. Dies entspricht etwa einem Drittel der brütenden Individuen der Kolonie in der Brutsaison 2022. Zusätzlich wurden 2807 verendete Küken gefunden, die wahrscheinlich direkt oder indirekt (Verhungern nach Verlust der Elterntiere) durch den Ausbruch der HPAI ums Leben kamen. Zusätzlich verstarben während dieses Ausbruchs in den benachbarten Kolonien der Lachmöwe und Flussseeschwalbe mehrere Hundert Vögel.

Reaktion auf eine neue Bedrohung

In Deutschland ist die Brandseeschwalbe eine streng geschützte Vogelart (Anlage 1 der BArtSchV), die in der Roten Liste der Brutvögel Deutschlands als „vom Aussterben bedroht" (Kategorie 1) geführt wird und im Anhang I der EU-Vogelschutzrichtlinie gelistet ist. Der weit überwiegende Teil des deutschen Bestandes brütet auf Inseln im Wattenmeer. Im Jahr 2022 verteilten sich die Brandseeschwalben im deutschen Wattenmeer auf insgesamt nur fünf Koloniestandorte in den drei Wattenmeer-Nationalparken auf Baltrum, Langeoog, Minsener Oog (jeweils Niedersachsen), Neuwerk (Hamburg) und der Hallig Norderoog (Schleswig-Holstein). Aus diesem Grund tragen diese drei Schutzgebiete eine besonders hohe Verantwortung für den Schutz und den Erhalt der Brandseeschwalbe als Brutvogel in Deutschland. Generell verlief die Bestandsentwicklung der Brandseeschwalbe im deutschen Wattenmeer in den vergangenen Jahren sehr günstig: Die einzelnen Koloniestandorte waren auch auf besiedelten Inseln (Baltrum, Langeoog, Neuwerk) gut geschützt und die Bestandsgröße war stabil bis zunehmend. Die Kolonie auf Minsener Oog hatte 2022 sogar einen Maximalbestand seit Beginn der Bestandserfassungen vor über 120 Jahren zu verzeichnen – ein echter Erfolg für den Seevogelschutz im Nationalpark. Da die Brandseeschwalbe, wie die meisten Seevögel, normalerweise sehr langlebig ist, muss man damit rechnen, dass die stark erhöhte Altvogelsterblichkeit während der Brutsaison 2022 erhebliche und langanhaltende Konsequenzen auf die Populationsstruktur und die Entwicklung der Brutbestände hat – ein schwerer Schlag für den Seevogelschutz an der deutschen Küste.

Als Reaktion auf die Ausbrüche der HPAI in den Brutkolonien der Brandseeschwalbe entwickelte die Nationalparkverwaltung Niedersächsisches Wattenmeer zusammen mit ihren Projektpartnern, den Nationalparkverwaltungen Schleswig-Holsteinisches und Hamburgisches Wattenmeer, dem gemeinsamen Wattenmeersekretariat (CWSS) und den betreuenden Naturschutzverbänden, dem Mellumrat e.V. und dem Verein Jordsand e.V., eine Reihe von möglichen Maßnahmen für ein Notfallschutzprogramm. Diese Maßnahmen sollten, im Falle möglicher weiterer Ausbrüche der HPAI ab der Brutsaison 2023, ein intensives Monitoring des Infektionsgeschehens sicherstellen, Optionen für den Versuch einer Ausbruchseindämmung bieten und gegebenenfalls eine zusätzliche Unterstützung der Brandseeschwalbenkolonien ermöglichen. Seit dem Frühjahr 2023 werden ebensolche Maßnahmen als Teil einer „Machbarkeitsstudie zur Sicherung der Brutkolonien der Brandseeschwalbe im deutschen Wattenmeer“ durch das Bundesamt für Naturschutz (BfN) mit Mitteln des Bundesministeriums für Umwelt, Naturschutz, nukleare Sicherheit und Verbraucherschutz (BMUV) gefördert. Diese ist Teil des neuen nationalen Artenhilfsprogramms (nAHP), welches im Schwerpunkt den Schutz von Arten, die durch den Ausbau der erneuerbaren Energien betroffen sind, fördert. Die Brandseeschwalbe ist durch den Bau von Offshore-Windenergieanlagen in ihren Nahrungsgründen potenziell gefährdet.

Als Bestandteil der Machbarkeitsstudie wurden Brutkolonien der Brandseeschwalbe im Wattenmeer in der Brutsaison 2023 mit Überwachungskameras ausgestattet. Dies bot die Möglichkeit für tägliche Kontrollen zentraler Koloniebereiche auf erkrankte und verendete Vögel sowie für die schnelle, professionelle Entfernung und Beprobung letzterer bei gleichzeitiger Minimierung der Störungen durch menschliche Präsenz.

Außerdem unterstützt diese Machbarkeitsstudie den internationalen Austausch im Rahmen von Workshops, die dem Aufbau eines Expertennetzwerks in Europa dienen. So wurde zum Beispiel im Frühjahr 2023, mit Unterstützung durch Mitarbeiter des Friedrich-Loeffler-Instituts (FLI), eine erste interdisziplinäre Risikobewertung („risk assessment“) für den erneuten Eintrag und die Ausbreitung der HPAI in Brutkolonien der Brandseeschwalbe (und Lachmöwe) mit Teilnehmern aus dem gesamten Nordseeraum durchgeführt. Darüber hinaus ermöglicht die Machbarkeitsstudie neue wissenschaftliche Untersuchungen zu den Auswirkungen des Ausbruchs von 2022 auf die Brutpopulation der Brandseeschwalbe und zum Austausch zwischen den unterschiedlichen Koloniestandorten im nordwestlichen Europa.

Einrichtung einer Überwachungskamera zur Überwachung der Brandseeschwalbenkolonie auf Langeoog durch den Nationalparkranger.

Foto: F. Packmor.

Überwachungskameras ermöglichen einen genauen Einblick in die Brandseeschwalbenkolonien.

Foto: F. Packmor. Baltrum, 20.6.2023.

Die Brutsaison 2023

Bereits früh in der Brutsaison 2023 wurde aus unterschiedlichen europäischen Ländern ein starker Anstieg der Sterblichkeit bei Lachmöwen im Umkreis ihrer Kolonien vermeldet, was sich rasch mit erneuten Ausbrüchen der HPAI in Verbindung bringen ließ. Zunächst konzentrierten sich diese ersten Ausbrüche auf binnenländische Koloniestandorte. Küstennahe Kolonien, zum Beispiel am Eidersperrwerk in Schleswig-Holstein und im Leyhörn in Niedersachsen, waren dann erst später in der Brutzeit, jedoch nicht weniger heftig von Ausbrüchen betroffen. Auch in einigen Kolonien der Flussseeschwalbe, sowohl im Binnenland als auch an der Küste, wurden in der Brutsaison 2023 Ausbrüche der HPAI festgestellt. In der Brutkolonie am Banter See in Wilhelmshaven, welche durch das Institut für Vogelforschung seit Jahrzehnten untersucht wird, führte ein erneuter Ausbruch im zweiten Jahr in Folge zu einer hohen Sterblichkeit bei Altvögeln und Küken. Während einer anhaltenden Wetterlage mit nördlichen Winden im Mai fiel auf den Ostfriesischen Inseln zudem eine ungewöhnliche Anzahl verendeter

Trottellummen auf, welche sich bald mit einem Ausbruch der HPAI in der Brutkolonie dieser Art am Lummenfelsen von Helgoland in Verbindung bringen ließ.

Und wie verlief die Brutsaison in den Kolonien der Brandseeschwalbe im Hinblick auf das Ausbruchsgeschehen 2023? Tatsächlich konnten Infektionen mit der HPAI an verendeten Vögeln in drei der fünf Brutkolonien dieser Art im deutschen Wattenmeer nachgewiesen werden. Jedoch blieb ein ungewöhnlicher Anstieg der Sterblichkeit, sowohl bei den Altvögeln als auch bei den Küken, in diesem Jahr aus. In den Brutkolonien auf Baltrum und Minsener Oog in Niedersachsen zum Beispiel kam es erst spät in der Brutsaison zu den ersten Todesfällen. Zu diesem Zeitpunkt waren viele Küken bereits flügge und hatten die Kolonie verlassen. Mithilfe der Überwachungskameras wurden diese Vögel schnell erkannt, abgesammelt und auf eine HPAI-Infektion getestet. Ob das Ausbleiben eines größeren Ausbruchs durch einen späten Eintrag des Virus in die Kolonie oder durch das frühzeitige Absammeln der Kadaver zu erklären ist, lässt sich nicht abschließend beurteilen. Andere Kolonien der Brandseeschwalbe, wie etwa im belgischen Seebrügge, mussten auch in diesem Jahr sehr viele verendete Küken in Folge eines Ausbruchs der HPAI vermelden. Dieser ereignete sich jedoch fast zwei Wochen früher als jene in Niedersachsen.

Verendete Brandseeschwalbe neben ihrem lebenden Partner in der Kolonie auf Baltrum am Ende der Brutsaison 2023. Foto: F. Packmor. 3.7.2023.

Wie geht es weiter?

Die vergangene Brutsaison 2023 hat gezeigt, dass die HPAI ein bedeutendes Thema des Seevogelschutzes in Deutschland, Europa und der ganzen Welt geworden ist und wohl auch langfristig bleiben wird. Längst hat das Virus annähernd jeden Erdteil erreicht. Es ist davon auszugehen, dass es sich weiter verändert und sich damit auch der Schwerpunkt der Ausbrüche von Jahr zu Jahr zwischen den unterschiedlichen Vogelarten verändern wird, wie es sich bereits 2023 angedeutet hat. Zudem hat sich gezeigt, dass auch wiederholte Ausbrüche in den gleichen Kolonien möglich sind. Erste Untersuchungen zur Verbreitung von Antikörpern in zuvor betroffenen Kolonien haben noch kein deutliches Bild ergeben. Insbesondere bei seltenen und gefährdeten Arten bietet dies Grund zu erheblicher Sorge. Bislang wissen wir noch viel zu wenig über die Dynamik und die Langzeitfolgen der HPAI-Ausbrüche auf die Populationen von See- und Küstenvögeln. Dies sollte Grund für weitere zielgerichtete, internationale Forschungs- und Monitoringprogramme sein, wozu wir unseren Beitrag leisten wollen. Denn nur, wenn wir aus der gegenwärtigen Situation lernen, können wir die Bemühungen des Seevogelschutzes in Zukunft sinnvoll und erfolgversprechend gestalten.

Florian Packmor, Peter Südbeck

Soziale Interaktion eines Brandseeschwalbenpaares vor der Brutzeit. Foto: K. Dinkla. Niedersachsen, 4.5.2013.

Literatur zum Thema

Ryslavy T, Bauer H-G, Gerlach B, Hüppop O, Stahmer J, Südbeck P, Sudfeldt C 2020: Rote Liste der Brutvögel Deutschlands, 6. Fassung, 30. September 2020. Ber. Vogelschutz 57: 13-112.

Adlhoch C et al. 2023: Scientific report: Avian influenza overview April–June 2023. EFSA Journal 2023; 21(7):8191, 54 pp.

Pohlmann A et al. 2023. Mass mortality among colony-breeding seabirds in the German Wadden Sea in 2022 due to distinct genotypes of HPAIV H5N1 clade 2.3.4.4b. Journal of General Virology; 104:001834.

Dr. Florian Packmor, Biologe mit Schwerpunkt Ornithologie, arbeitet seit 2021 in der Nationalparkverwaltung Niedersächsisches Wattenmeer. Dort beschäftigt er sich mit der Ökologie und dem Schutz der Brutvögel.

Peter Südbeck, Diplom-Biologe mit Schwerpunkt Ornithologie, leitet seit 2005 die Nationalparkverwaltung Niedersächsisches Wattenmeer. Zuvor war er langjähriger Leiter der Staatlichen Vogelschutzwarte Niedersachsen.

Seevogel-Webcams

Auf der nur 400 x 800 m großen Insel Funk Island vor Neufundland in Kanada, brüten mehr als 400 000 Paare Trottellummen und etwa 10 000 Paare Basstölpel. Die Insel beherbergte bis zu dessen Ausrottung im 19. Jahrhundert eine der größten Kolonien des legendären, flugunfähigen Riesenalks (*Pinguinus impennis*). Sein wissenschaftlicher Name wurde später auf die äußerlich ähnlichen, aber nicht näher verwandten Pinguine übertragen. Foto: S. Garthe. Funk Island, 7.8.2005.

Auch Vögel, die die meiste Zeit ihres Lebens auf See verbringen, müssen zur Aufzucht ihrer Jungen an Land kommen. Viele Seevögel brüten einmal im Jahr für mehrere Wochen in Kolonien auf Inseln, an Felsklippen oder in Küstengebieten, die fernab der Zivilisation liegen und für den Menschen nur schwer oder gar nicht erreichbar sind. Solche Brutkolonien können über hunderttausend Vögel umfassen. Viele Seevogelkolonien stehen unter strengem Schutz und dürfen nur mit einer Sondergenehmigung oder zu Forschungszwecken betreten werden. Wer das spannende Treiben in einer Kolonie dennoch gerne erleben und die Vögel aus nächster Nähe beim Brutgeschäft beobachten möchte ohne die Tiere zu stören, kann dies ganz bequem vom Smartphone oder dem heimischen Computer aus tun. Viele Naturschutzorganisationen, Institute und Forschungseinrichtungen haben weltweit in Seevogelkolonien Webcams installiert.

Nachfolgend ist eine kleine Auswahl an Links zu verschiedenen Live-Kameras auf der Nord- und Südhalbkugel aufgeführt, die während der jeweiligen Brutzeiten für einige Wochen Einblicke in die spektakulären Brutkolonien von Albatrossen, Alken, Basstölpeln bis hin zu Sturmvögeln und Pinguinen ermöglichen.

Weitere Links findet man mithilfe der Suchleisten über Google, X (ehemals Twitter) oder Instagram unter Hashtags und Suchwörtern, wie zum Beispiel seabirds, seabird colonies, seabird livecams oder webcams, sowie den Artnamen oder wissenschaftlichen Namen der gesuchten Vogelarten.

Es werden auch virtuelle Touren durch Seevogelkolonien angeboten, die beispielsweise per Zoom durchgeführt werden. Auch hierzu lohnt sich die Recherche im Internet, da die Angebote wechseln oder neue hinzukommen. *(uk)*

Diese Webseite bietet eine große Auswahl an weltweiten Livecams quer durch die Tierwelt, nicht nur für Vogelfreunde: https://explore.org/livecams

The Scottish Seabird Centre, Webcams in den schottischen Seevogelkolonien auf Bass Rock, Craigleith, Dunbar Harbour, Isle of May: www.seabird.org/webcams

Sammlung von Links weltweiter Livecams:
www.mangolinkcam.com/webcams/birds/seabirds.html

The Wildlife Trusts:
www.wildlifetrusts.org/webcams

Shetland Inseln
www.shetlandwebcams.com

Königsalbatrosse in Neuseeland, Taiaroa Head
www.doc.govt.nz/nature/native-animals/birds/birds-a-z/albatrosses/royal-albatross-toroa/royal-cam

Alderney Wildlife Trust
www.alderneywildlife.org/wildlife/webcams/puffin-main-cam

The Cornell Lab – All about birds
www.allaboutbirds.org/cams/royal-albatross

Zwergpinguine in Neuseeland
Urban Wildlife Trust, Neuseeland
www.urbanwildlifetrust.org/oamaru-blue-penguin-colony-cams

Virtuelle Touren:
Royal Albatross Centre, Neuseeland
https://albatross.org.nz/virtual-albatross-experience

Galapagosbirds and wildlife
https://galapagosphotos.com/index.html#carousel_62cd

Impressum

Der Falke – Journal für Vogelbeobachter
ISSN 0323-357X, Erscheinungsweise: monatlich
Gedruckt auf chlorfrei gebleichtem Papier

Internet: www.falke-journal.de

Verlag:
AULA-Verlag GmbH
Industriepark 3
56291 Wiebelsheim

Registergericht: Amtsgericht Koblenz HRB 5770
Geschäftsführer: Gerhard Stahl, Marcus Läkemäker

Redaktion:
Dr. Wolfgang Fiedler (verantwortlich; wf),
E-Mail: fiedler@ab.mpg.de
Georg Grothe, Redaktionsbüro, Tel.: 06766/903-252,
Fax: 06766/903-320, E-Mail: grothe@aula-verlag.de

Fachredaktion:
T. Brandt (tb), H.-J. Fünfstück (fü), J. Hering (jh),
T. Korschefsky (kor), Dr. U. Kubetzki (uk),
Dr. H. Stickroth (hs)

Redaktionsassistentin:
Dominique Conrad, E-Mail: falke@aula-verlag.de
Tel.: 06766/903-236; Fax: 06766/903-320;

Gestaltung/Satz: AULA-Verlag: Rolf Heisler (Ltg.),
Dominique Conrad

Vertrieb und Abonnementverwaltung:
Britta Fellenzer
Tel.: 06766/903-206, Fax: 06766/903-320
E-Mail: vertrieb@aula-verlag.de
AULA-Verlag GmbH • Industriepark 3 • 56291 Wiebelsheim

Pressevertrieb:
IPS Pressevertrieb GmbH,
Carl-Zeiss-Str. 5, 53340 Meckenheim

Wirtschaftlich Beteiligte:
Quelle & Meyer Verlag GmbH & Co.

Bankverbindung:
Wiesbadener Volksbank,
BIC: WIBADE5W, IBAN: DE38 5109 0000 0015 1999 11

Anzeigenverwaltung:
Kathrin Stein, Tel.: 0176 34502776
E-Mail: anzeigen@falke-journal.de
www.falke-journal.de/mediadaten
z. Zt. gilt Anzeigenpreisliste 2024
Bankverbindung: Wiesbadener Volksbank
BIC: WIBADE5W, IBAN: DE38 5109 0000 0015 1999 11

Druck: Strube Druck & Medien GmbH, Felsberg

Bezugsbedingungen:
Einzelheftpreis 6,95 €. Das Jahresabonnement für 12 Hefte ist im In- und Ausland für 65,00 € zzgl. Porto erhältlich. Für Schüler-/innen und Studenten/innen 48,75 € zzgl. Porto (Bescheinigung). In dem Preis ist der „FALKE-Wandplaner" eingeschlossen. Die Mindestbestelldauer des Abonnements beträgt ein Jahr und verlängert sich automatisch, wenn nicht schriftlich gemäß den aktuellen gesetzlichen Regelung gekündigt wird. Bestellungen für Der Falke nehmen jede Buchhandlung und der Verlag entgegen.

Manuskripte:
Sollten Sie einen Beitrag oder eine Manuskriptidee für DER FALKE haben, senden Sie uns bitte zunächst eine etwa zehnzeilige Inhaltsangabe oder setzen Sie sich vorab mit der Redaktion oder Fachredaktion in Verbindung.